高等院校通用教材

空间解析几何简明教程

李红裔　赵迪　编著

北京航空航天大学出版社

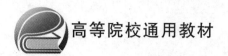

内 容 简 介

本书是为大学本科(非数学专业)学生编写的空间解析几何教材,全书共分三章,主要内容有向量代数、平面与空间直线、曲面和曲线. 本书难易适度,重点突出,易于理解,便于教与学. 书中带"*"的部分为选学内容.

本书可作为大学(非数学专业)本科生的解析几何教材,也可作为有不同教学要求的其他专业的教材或参考书.

图书在版编目(CIP)数据

空间解析几何简明教程 / 李红裔, 赵迪编著. -- 北京 : 北京航空航天大学出版社, 2021.11

ISBN 978-7-5124-3625-1

Ⅰ. ①空… Ⅱ. ①李… ②赵… Ⅲ. ①立体几何-解析几何-高等学校-教材 Ⅳ. ①O182.2

中国版本图书馆 CIP 数据核字(2021)第 215799 号

空间解析几何简明教程

李红裔 赵 迪 编著

策划编辑 蔡 喆 责任编辑 蔡 喆

*

北京航空航天大学出版社出版发行

北京市海淀区学院路 37 号(邮编 100191) http://www.buaapress.com.cn

发行部电话:(010)82317024 传真:(010)82328026

读者信箱: goodtextbook@126.com 邮购电话:(010)82316936

三河市华骏印务包装有限公司印装 各地书店经销

*

开本:710×1 000 1/16 印张:7.5 字数:130 千字

2021 年 11 月第 1 版 2024 年 8 月第 4 次印刷 印数:6 501~8 500 册

ISBN 978-7-5124-3625-1 定价:29.00 元

若本书有倒页、脱页、缺页等印装质量问题,请与本社发行部联系调换。联系电话:(010)82317024

前　　言

非数学专业空间解析几何是一门公共必修课程. 本书内容融入了编者多年的教学经验,对问题分析透彻,例题典型,叙述清晰,便于自学. 本书主要讲述大多数工学、管理学、经济学等专业常用的解析几何基本理论和方法,内容包括向量的运算与线性关系、标架与坐标、内积与外积,平面与空间直线的方程,常见二次曲面与空间曲线的方程等.

解析几何的重要性在于它的基本方法——建立坐标系,利用代数方程来表示图形. 其基本思想是用代数方法研究几何问题. 解析几何中利用"向量法"引入坐标的思想,可以让我们站在一个新的高度理解坐标,即"坐标就是极大线性无关向量组的表示系数构成的有序数组".

本书强调形数结合,注重思维训练和空间想象能力的培养,主要有如下特点:首先按照"少而精"的教学改革思路,在选择的深度和广度上,充分考虑了非数学专业学生的学时限制和培养需求,内容讲求实用性,既满足学生的基本需求,也不至于太过庞杂使学生难于理解和接受. 其次,书中介绍的大量例子,深入浅出,侧重应用. 对每一个知识点,都给出了相应的例子,让学生学会使用解析几何基本方法. 在内容的处理上,采用模块式的方法,尽可能地把内容相近的部分写在一章. 这样,不仅可以把相关内容讲深、讲透,一气呵成,节约篇幅和学时,而且可以使学生对相应部分的内容有一个全面、清晰、系统的了解. 设置的习题具有针对性,学生通过研读教材,独立完成习题,便可基本掌握本书内容,从而节约学习时间.

通过本课程的学习,学生可以受到几何直观与逻辑推理等方面的训练,系统掌握空间解析几何的基本理论和基本方法,正确理解和使用向量,充分体会几何直观与代数简洁、抽象、严谨的特点,在掌握几何图形性质的同时,提高运用代数方法解决几何问题的能力和空间想象能力,扩大知识领域,培养空间想象能力以及运用向量法与坐标法研究几何问题的能力,为进一步学习其他课程打下基础.

作　者

2021年10月于北京

目　　录

注：带 * 的章节为选学内容。

第 1 章 向量代数

解析几何的基本方法是用向量与坐标这种代数工具研究空间中几何图形的性质. 本章主要讨论向量的代数运算,利用向量与坐标把代数运算引到几何中来,以便把向量法与坐标法结合起来处理几何问题.

1.1 向量及其线性运算

1. 向量及其表示

向量是数学的基本概念之一,是解析几何的重要工具. 在许多与数学相关的学科中,向量也是解决问题的有力工具.

把既有大小、又有方向的量叫作向量或矢量. 例如,位移、速度、加速度、力、力矩等都是向量. 而通常把**只有大小的量叫作数量或标量**.

在**欧几里得空间中**,向量可用**有向线段**来表示. 有向线段的方向表示向量的方向,向量的大小用有向线段的长度表示,叫作**向量的模或长度**. 以 A 为起点 B 为终点的有向线段表示的向量,记作 $\overrightarrow{AB}$,如图 1-1 所示,也可用箭头字母 $\vec{a},\vec{b},\vec{c}$(手写)或用黑体字母 $\boldsymbol{a},\boldsymbol{b},\boldsymbol{c}$(印刷)等作为向量的记号,例如可记向量 $\boldsymbol{a}=\overrightarrow{AB}$. 向量 $\overrightarrow{AB}$ 或 $\boldsymbol{a}$ 的模记作 $|\overrightarrow{AB}|$ 或 $|\boldsymbol{a}|$.

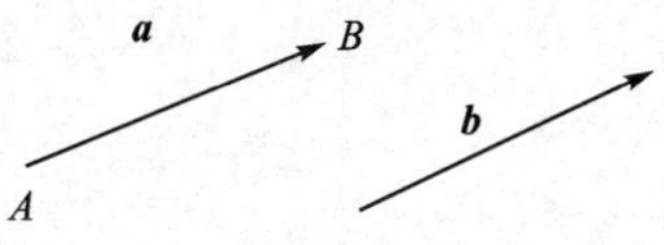

图 1-1

注意: 数学中只考虑向量的大小和方向,而不论它的起点在什么地方,即向量的起点可以任意选取. 这种向量叫作**自由向量**. 也就是说,自由向量可以任意平行移动,且平移后的向量仍然代表原来的向量.

本书中的向量都是指空间中的有向线段,也叫**几何向量**,它们在空间中可以自由平行移动，如图 1－1 所示.

如果两个向量 $\boldsymbol{a}$ 和 $\boldsymbol{b}$ 的模相等，且方向相同，则说 $\boldsymbol{a}$ 和 $\boldsymbol{b}$ **是相等的向量**，记作 $\boldsymbol{a}=\boldsymbol{b}$.

由于两个向量相等只与它们的模和方向有关，因此**方向相同且经过平行移动能完全重合的向量是相等的.**

模是 1 的向量叫作单位向量. 模是 0 的向量叫作零向量，记作 $\mathbf{0}$ 或 $\vec{0}$.

注意：零向量的起点和终点重合，例如 $\overrightarrow{AA}=\overrightarrow{BB}=\vec{0}$. 可认为零向量具有任意的方向.

如果两个向量 $\boldsymbol{a}$ 和 $\boldsymbol{b}$ 的方向相同或者相反，就称两个向量**平行**，记作 $\boldsymbol{a}/\!/\boldsymbol{b}$.

由于零向量的方向是任意的，因此零向量与任何向量都平行，记为 $\mathbf{0}/\!/\boldsymbol{a}$.

若两个向量 $\boldsymbol{a},\boldsymbol{b}$ 所在的直线互相垂直，则称 $\boldsymbol{a},\boldsymbol{b}$ 互相垂直，记 $\boldsymbol{a}\perp\boldsymbol{b}$.

由于零向量的方向是任意的，可认为零向量与任何向量垂直，记为 $\mathbf{0}\perp\boldsymbol{a}$.

可知，把两个平行向量 $\boldsymbol{a},\boldsymbol{b}$ 的起点放在同一点时，它们的终点和公共起点必在同一条直线上. 因此，**平行的两个向量($\boldsymbol{a}/\!/\boldsymbol{b}$)也叫作共线向量**. 特别地，**零向量与任何向量共线.**

显然，若两个向量 $\boldsymbol{a},\boldsymbol{b}$ 不共线，即 $\boldsymbol{a}\not/\!/\boldsymbol{b}$，则 $\boldsymbol{a}\neq\mathbf{0}$ 且 $\boldsymbol{b}\neq\mathbf{0}$(都是非零向量).

如果 k 个向量平行于同一个平面，就称这 k 个向量**共面**. 此时若把它们的起点放在同一点，则 k 个终点和公共起点必在同一个平面上.

任何两个向量一定共面，因此讨论 3 个以上的向量是否共面才有意义. 易知，3 个向量中，若有 2 个共线，那么这 3 个向量一定共面.

特别地，若 3 个向量 $\boldsymbol{a}$，$\boldsymbol{b}$，$\boldsymbol{c}$ 不共面，则 $\boldsymbol{a}\neq\mathbf{0},\boldsymbol{b}\neq\mathbf{0},\boldsymbol{c}\neq\mathbf{0}$（都是非零向量），且其中任两个互不共线，记为 $\boldsymbol{a}\not/\!/\boldsymbol{b},\boldsymbol{b}\not/\!/\boldsymbol{c},\boldsymbol{c}\not/\!/\boldsymbol{a}$.

2. 向量的加法

定义 设两个向量 $\boldsymbol{a}$ 和 $\boldsymbol{b}$，任取一点 O 为起点，作 $\overrightarrow{OA}=\boldsymbol{a}$，作 $\overrightarrow{AB}=\boldsymbol{b}$，连接 OB，那么向量 $\overrightarrow{OB}=\boldsymbol{c}$ 叫作向量 $\boldsymbol{a}$ 与 $\boldsymbol{b}$ 的和，记作 $\boldsymbol{c}=\boldsymbol{a}+\boldsymbol{b}$.

图 1－2 中，$\boldsymbol{a}$，$\boldsymbol{b}$，$\boldsymbol{a}+\boldsymbol{b}$ 构成一个三角形，上述向量加法规定叫作**三角形法则.**

根据力学中求合力的平行四边形法则，也有向量的**平行四边形法则.**

定义 设向量 $\boldsymbol{a},\boldsymbol{b}$ 不平行，作 $\overrightarrow{OA}=\boldsymbol{a}$，$\overrightarrow{OC}=\boldsymbol{b}$，以 OA 与 OC 为邻边的平行四边形 $OABC$ 的对角线向量 $\overrightarrow{OB}$ 叫作向量 $\boldsymbol{a}$ 与 $\boldsymbol{b}$ 的和，记为 $\boldsymbol{a}+\boldsymbol{b}$.

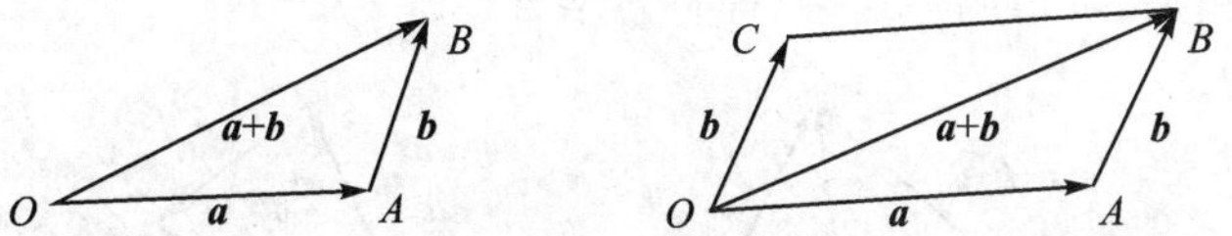

图 1-2

由图 1-2 明显可见,三角形法则与平行四边形法则本质上是一回事.

规定与 $\boldsymbol{a}=\overrightarrow{AB}$ 长度相同、方向相反的向量叫作 $\boldsymbol{a}$ 的**反向量或负向量**,记作 $-\boldsymbol{a}$. 特别地,$-\overrightarrow{AB}=\overrightarrow{BA}$, $-(-\boldsymbol{a})=\boldsymbol{a}$.

向量的减法(差)可由加法来定义. **规定两个向量 $\boldsymbol{b}$ 与 $\boldsymbol{a}$ 的差为**

$$\boldsymbol{b}-\boldsymbol{a}=\boldsymbol{b}+(-\boldsymbol{a})$$

即把 $\boldsymbol{a}$ 的反向量 $-\boldsymbol{a}$ 加到向量 $\boldsymbol{b}$ 上,便得 $\boldsymbol{b}$ 与 $\boldsymbol{a}$ 的差,如图 1-3(a)所示.

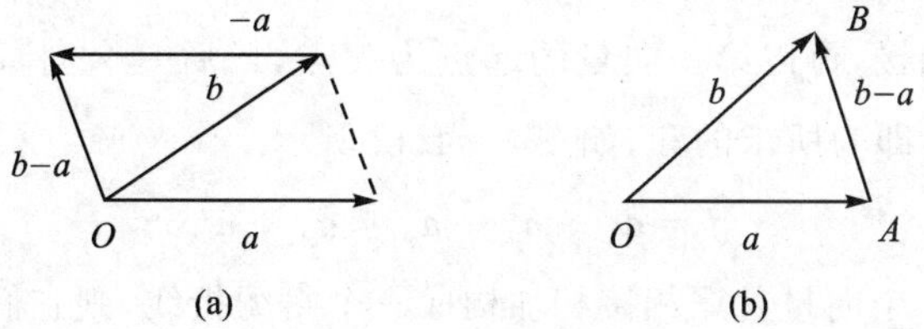

图 1-3

显然,任给向量 $\overrightarrow{AB}$ 及任一点 O,有 $\overrightarrow{AB}=\overrightarrow{AO}+\overrightarrow{OB}=\overrightarrow{OB}-\overrightarrow{OA}=\boldsymbol{b}-\boldsymbol{a}$,由此得**减法三角形法则:把向量 $\boldsymbol{a}$ 与 $\boldsymbol{b}$ 移到同一个起点 O,从 $\boldsymbol{a}$ 的终点指向 $\boldsymbol{b}$ 的终点的向量就是 $\boldsymbol{b}$ 与 $\boldsymbol{a}$ 的差 $\boldsymbol{b}-\boldsymbol{a}$**,如图 1-3(b)所示. 特别当 $\boldsymbol{b}=\boldsymbol{a}$ 时,有 $\boldsymbol{a}-\boldsymbol{a}=\boldsymbol{a}+(-\boldsymbol{a})=\boldsymbol{0}$.

根据三角形两边之和大于第三边的原理,可知

$$|\boldsymbol{a}+\boldsymbol{b}|\leqslant|\boldsymbol{a}|+|\boldsymbol{b}| \quad 及 \quad |\boldsymbol{a}-\boldsymbol{b}|\leqslant|\boldsymbol{a}|+|\boldsymbol{b}|$$

其中,等号在 $\boldsymbol{a}$ 与 $\boldsymbol{b}$ 同向或反向时成立.

容易证明,向量的加法具有下列规律:

(1) 交换律　$\boldsymbol{a}+\boldsymbol{b}=\boldsymbol{b}+\boldsymbol{a}$;

(2) 结合律　$(\boldsymbol{a}+\boldsymbol{b})+\boldsymbol{c}=\boldsymbol{a}+(\boldsymbol{b}+\boldsymbol{c})$;

(3) $\boldsymbol{a}+\boldsymbol{0}=\boldsymbol{a}$,　$\boldsymbol{a}+(-\boldsymbol{a})=\boldsymbol{0}$.

因为按向量加法的三角形法则,由图 1-2 可知

$$\boldsymbol{a}+\boldsymbol{b}=\overrightarrow{OA}+\overrightarrow{AB}=\overrightarrow{OB},\quad \boldsymbol{b}+\boldsymbol{a}=\overrightarrow{OC}+\overrightarrow{CB}=\overrightarrow{OB}$$

所以符合交换律. 又如图 1-4(a)所示,先作 $\boldsymbol{a}+\boldsymbol{b}$ 再加上 $\boldsymbol{c}$,即得和$(\boldsymbol{a}+\boldsymbol{b})+\boldsymbol{c}$;如

以 $\boldsymbol{a}$ 与 $\boldsymbol{b}+\boldsymbol{c}$ 相加,可得同一结果,即符合结合律.

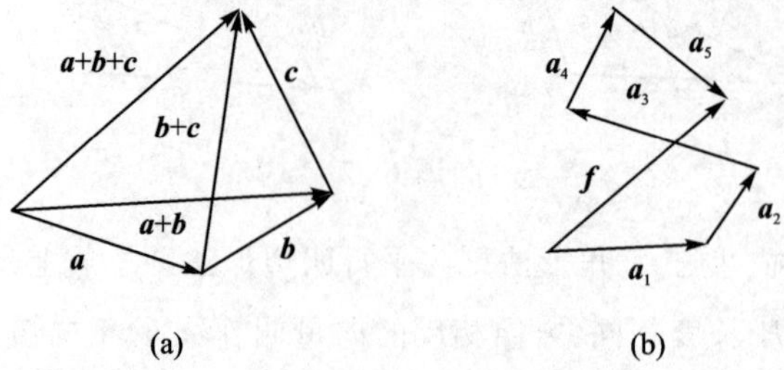

图 1-4

由于向量加法符合交换律和结合律,故 n 个向量 $\boldsymbol{a}_1,\boldsymbol{a}_2,\cdots,\boldsymbol{a}_n$ 相加可写成

$$\boldsymbol{a}_1+\boldsymbol{a}_2+\cdots+\boldsymbol{a}_n$$

由向量的三角形法则可得 n 个向量相加的**多边法则**:依次作向量 $\boldsymbol{a}_1,\boldsymbol{a}_2,\cdots,\boldsymbol{a}_n$,使它们首尾相接,再以第一向量的起点为起点,最后一个向量的终点为终点作一向量,这个向量即为所求的和,如图 1-4(b)所示.

$$\boldsymbol{f}=\boldsymbol{a}_1+\boldsymbol{a}_2+\boldsymbol{a}_3+\boldsymbol{a}_4+\boldsymbol{a}_5$$

特别地,若 n 个向量首尾相接相加构成一个封闭折线,则它们的和为 $\boldsymbol{0}$. 例如,

$$\overrightarrow{AB}+\overrightarrow{BC}+\overrightarrow{CA}=\overrightarrow{AA}=\boldsymbol{0},\quad \overrightarrow{AB}+\overrightarrow{BC}+\overrightarrow{CD}+\overrightarrow{DA}=\overrightarrow{AA}=\boldsymbol{0}$$

由此可知,3 个互不共线的向量 $\boldsymbol{a}$, $\boldsymbol{b}$, $\boldsymbol{c}$,使它们的起点与终点依次相连构成一个三角形的充要条件是 $\boldsymbol{a}+\boldsymbol{b}+\boldsymbol{c}=\boldsymbol{0}$,如图 1-5 所示.

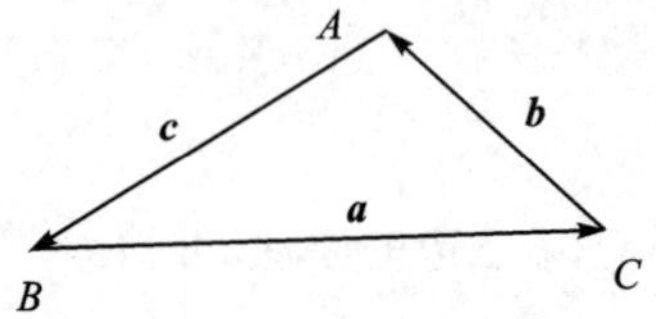

图 1-5

3. 向量的数乘

为了表示向量的伸缩,下面引入实数与向量的乘法(数乘或倍法).

规定实数 k 与向量 $\boldsymbol{a}$ 的乘积是一个向量,记作 $k\boldsymbol{a}$,它的模 $|k\boldsymbol{a}|=|k||\boldsymbol{a}|$. $k\boldsymbol{a}$ 的方向:当 $k>0$ 时与 $\boldsymbol{a}$ 相同,当 $k<0$ 时与 $\boldsymbol{a}$ 相反,$k=0$ 时 $k\boldsymbol{a}=\boldsymbol{0}$.

注意: 当 $k=0$ 时,模 $|k\boldsymbol{a}|=0$,即 $k\boldsymbol{a}$ 为零向量,这时它的方向是任意的.

特别地,当 $\lambda=\pm 1$ 时,$1\boldsymbol{a}=\boldsymbol{a}$,$(-1)\boldsymbol{a}=-\boldsymbol{a}$.

根据第 1 节中共线向量的定义,可知 $k\boldsymbol{a}/\!/\boldsymbol{a}$(共线).

若 $\boldsymbol{a}\neq\boldsymbol{0}$(非零向量),$\boldsymbol{a}^0$ 表示与 $\boldsymbol{a}$ 同方向的单位向量($|\boldsymbol{a}^0|=1$). 按数乘规定,$|\boldsymbol{a}|\boldsymbol{a}^0$ 与 $\boldsymbol{a}^0(\boldsymbol{a})$的方向相同,与 $\boldsymbol{a}$ 的模也相同,显然有

$$\boldsymbol{a}=|\boldsymbol{a}|\boldsymbol{a}^0$$

即向量 $\boldsymbol{a}$ 等于它的模与它的单位向量的乘积.由此得向量 $\boldsymbol{a}$ 的**单位化公式**为

$$\boldsymbol{a}^0=\frac{1}{|\boldsymbol{a}|}\boldsymbol{a}=\frac{\boldsymbol{a}}{|\boldsymbol{a}|}$$

即非零向量除以它的模是同方向的单位向量.

向量的数乘具有下列规律:

(1) $1\boldsymbol{a}=\boldsymbol{a}$;

(2) 结合律:$\lambda(k\boldsymbol{a})=k(\lambda\boldsymbol{a})=(\lambda k)\boldsymbol{a}$;

(3) 分配律:$(\lambda+k)\boldsymbol{a}=\lambda\boldsymbol{a}+k\boldsymbol{a}$, $k(\boldsymbol{a}+\boldsymbol{b})=k\boldsymbol{a}+k\boldsymbol{b}$.

结合律(2)可以这样证明:由数乘的规定可知,$\lambda(k\boldsymbol{a})$, $k(\lambda\boldsymbol{a})$, $(\lambda k)\boldsymbol{a}$ 都是共线(平行)的向量,它们的指向也是相同的,且 $|\lambda(k\boldsymbol{a})|=|k(\lambda\boldsymbol{a})|=|(\lambda k)\boldsymbol{a}|=|\lambda k||\boldsymbol{a}|$,故

$$\lambda(k\boldsymbol{a})=k(\lambda\boldsymbol{a})=(\lambda k)\boldsymbol{a}$$

其他规律同样可用数乘定义来证明,证明从略.

由此可见,向量的加法及数乘与实数的运算具有同样的规律.

例 1.1.1　设 P 是 AB 的中点,任取一点 O,求证:

(1) **中点向量公式**:$\overrightarrow{OP}=\frac{1}{2}(\overrightarrow{OA}+\overrightarrow{OB})$.

(2) $\square OACB$ 的对角线互相平分.

证　(1) 如图 1-6 所示,$\overrightarrow{OP}=\overrightarrow{OA}+\overrightarrow{AP}$,$\overrightarrow{OP}=\overrightarrow{OB}+\overrightarrow{BP}$,且 $\overrightarrow{AP}=-\overrightarrow{BP}$,故 $2\overrightarrow{OP}=\overrightarrow{OA}+\overrightarrow{OB}$, 可得 $\overrightarrow{OP}=\frac{1}{2}(\overrightarrow{OA}+\overrightarrow{OB})$.

(2) $\square OACB$ 中,设 OC 的中点为 D,AB 的中点为 P,由(1)可知 $\overrightarrow{OP}=$

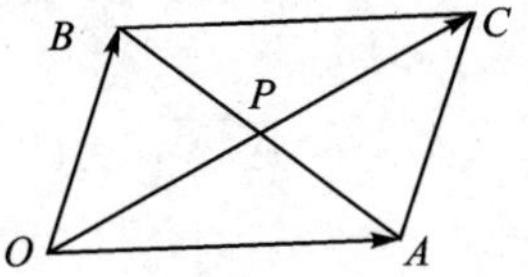

图 1-6

$\frac{1}{2}(\overrightarrow{OA}+\overrightarrow{OB})$，$\overrightarrow{OD}=\frac{1}{2}\overrightarrow{OC}=\frac{1}{2}(\overrightarrow{OA}+\overrightarrow{OB})$，故 $\overrightarrow{OP}=\overrightarrow{OD}\Rightarrow P=D$.

例 1.1.2 用向量证明:三角形两边中点的连线平行于第三边,其长度是第三边长度的一半,如图 1-7 所示.

证 设$\triangle ABC$ 中,M, N 分别为 AB, AC 的中点,要证 $MN/\!/BC$,$MN=\frac{1}{2}BC$.

因为 $\overrightarrow{MN}=\overrightarrow{AN}-\overrightarrow{AM}=\frac{1}{2}\overrightarrow{AC}-\frac{1}{2}\overrightarrow{AB}=\frac{1}{2}(\overrightarrow{AC}-\overrightarrow{AB})=\frac{1}{2}\overrightarrow{BC}$,即 $\overrightarrow{\boldsymbol{MN}}=\frac{1}{2}\overrightarrow{\boldsymbol{BC}}$,故 $MN/\!/BC$,且 $MN=\frac{1}{2}BC$.

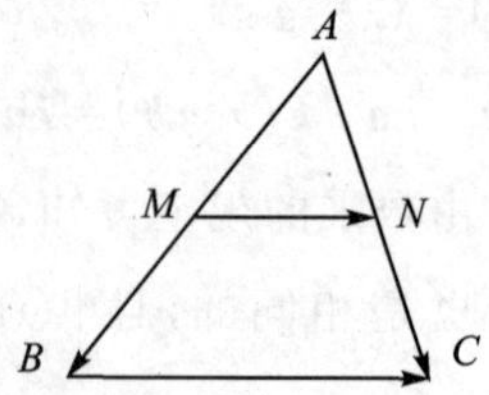

图 1-7

例 1.1.3 设点 P,Q 分别在线段 AB, AC 上,且 $AP:AB=AQ:AC=k$, $0<k<1$. 证明:PQ 平行于 BC 且 $PQ:BC=k$,如图 1-8 所示.

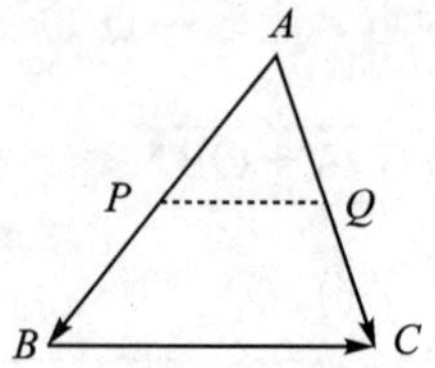

图 1-8

证 如图 1-8 所示,由条件及数乘定义可知

$$\overrightarrow{AP}=k\overrightarrow{AB},\quad \overrightarrow{AQ}=k\overrightarrow{AC}$$

则

$$\overrightarrow{PQ}=\overrightarrow{AQ}-\overrightarrow{AP}=k\overrightarrow{AC}-k\overrightarrow{AB}=k(\overrightarrow{AC}-\overrightarrow{AB})=k\overrightarrow{BC}$$

即

$$\overrightarrow{PQ}=k\overrightarrow{BC}$$

可知

$$\overrightarrow{PQ} \parallel \overrightarrow{BC} \quad 且 \quad |\overrightarrow{PQ}| = k\,|\overrightarrow{BC}|$$

即 PQ 平行于 BC 且 $PQ:BC=k$.

由于 $k\boldsymbol{a}$ 与 $\boldsymbol{a}$ 平行(共线),可得向量共线(平行)定理.

定理 1(共线定理)　设 $\boldsymbol{a}\neq\boldsymbol{0}$,则 $\boldsymbol{b}/\!/\boldsymbol{a}$(共线)$\Leftrightarrow \boldsymbol{b}=k\boldsymbol{a}$,且数 k 唯一存在.即设向量 $\boldsymbol{a}\neq\boldsymbol{0}$,则 $\boldsymbol{b}$ 与 $\boldsymbol{a}$ 共线的充要条件是 $\boldsymbol{b}=k\boldsymbol{a}$,且实数 k 唯一存在.

证　充分性显然,只证必要性.设 $\boldsymbol{b}/\!/\boldsymbol{a}$,取 $|k|=\dfrac{|\boldsymbol{b}|}{|\boldsymbol{a}|}$,当 $\boldsymbol{b}$ 与 $\boldsymbol{a}$ 同向时 k 取正值,当 $\boldsymbol{b}$ 与 $\boldsymbol{a}$ 反向时 k 取负值,则有 $\boldsymbol{b}=k\boldsymbol{a}$.这是因为 $\boldsymbol{b}$ 与 $\lambda\boldsymbol{a}$ 同向,且模相同,即

$$|k\boldsymbol{a}|=|k||\boldsymbol{a}|=\frac{|\boldsymbol{b}|}{|\boldsymbol{a}|}|\boldsymbol{a}|=|\boldsymbol{b}|$$

再证 k 的唯一性.设 $\boldsymbol{b}=k\boldsymbol{a}$,且 $\boldsymbol{b}=\mu\boldsymbol{a}$,两式相减得 $(k-\mu)\boldsymbol{a}=\boldsymbol{0}$,故 $|k-\mu||\boldsymbol{a}|=0$.因 $|\boldsymbol{a}|\neq 0$,得 $k=\mu$.

推论 1　$\boldsymbol{a}/\!/\boldsymbol{b}$(共线)$\Leftrightarrow \boldsymbol{b}=k\boldsymbol{a}$ 或 $\boldsymbol{a}=\lambda\boldsymbol{b}$.

推论 2　$\boldsymbol{a}/\!/\boldsymbol{b}$(共线)$\Leftrightarrow k\boldsymbol{a}+l\boldsymbol{b}=\boldsymbol{0}$,且数 k,l 不全为 0.即向量 $\boldsymbol{a}/\!/\boldsymbol{b}$(共线)的充要条件是存在不全为 0 的数 k,l 使

$$k\boldsymbol{a}+l\boldsymbol{b}=\boldsymbol{0}$$

证　必要性:设 $\boldsymbol{a}$ 与 $\boldsymbol{b}$ 共线,则有 $\boldsymbol{b}=k\boldsymbol{a}$ 或 $\boldsymbol{a}=\lambda\boldsymbol{b}$,于是 $k\boldsymbol{a}+(-1)\boldsymbol{b}=0$ 或 $(-1)\boldsymbol{a}+\lambda\boldsymbol{b}=0$.

充分性:设 $k\boldsymbol{a}+l\boldsymbol{b}=\boldsymbol{0}$,数 k,l 不全为 0,不妨设 $l\neq 0$,则有 $\boldsymbol{b}=-\dfrac{k}{l}\boldsymbol{a}$,可知 $\boldsymbol{a}$ 与 $\boldsymbol{b}$ 共线.

推论 3　若 $\boldsymbol{a}\not\parallel\boldsymbol{b}$(不共线),且 $k\boldsymbol{a}+l\boldsymbol{b}=\boldsymbol{0}$,则 $k=l=0$.特别地,若 $\boldsymbol{a}\not\parallel\boldsymbol{b}$(不共线),且 $k\boldsymbol{a}=l\boldsymbol{b}$,则 $k=l=0$.

推论 4　若 $\boldsymbol{a}\not\parallel\boldsymbol{b}$(不共线),且 $x\boldsymbol{a}+y\boldsymbol{b}=k\boldsymbol{a}+l\boldsymbol{b}$,则 $x=k,y=l$.

注:若 $\boldsymbol{a}/\!/\boldsymbol{b}$(共线),则称 $\boldsymbol{a}$ 与 $\boldsymbol{b}$ 线性相关;若 $\boldsymbol{a}\not\parallel\boldsymbol{b}$(不共线),则称它们线性无关.

上述推论给出了 2 个向量线性相关与线性无关的数量条件.

例 1.1.4　证明:三角形三中线交于一点(叫重心),且顶点到重心的距离是重心到对边中点距离的 2 倍.

证　设三角形顶点 A,B,C 所对边的中点分别是 M,N,D.

设中线 AM,BN 的交点是 P,如图 1-9 所示.要证 $AP=2PM$,即 $AP=\dfrac{2}{3}AM$.

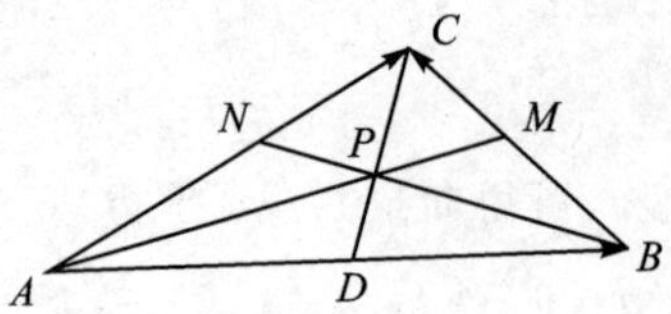

图 1-9

记 $\overrightarrow{AB}=\boldsymbol{a}$，$\overrightarrow{AC}=\boldsymbol{b}$，$\overrightarrow{BC}=\boldsymbol{c}$，且 $\boldsymbol{c}=\boldsymbol{b}-\boldsymbol{a}$. 由**中线向量公式**(见例 1)得

$$\overrightarrow{AM}=\frac{1}{2}(\boldsymbol{a}+\boldsymbol{b}),\quad \overrightarrow{BN}=\frac{1}{2}(-\boldsymbol{a}+\boldsymbol{c})=\frac{1}{2}(\boldsymbol{b}-2\boldsymbol{a})$$

由**共线定理 1** 可设 $\overrightarrow{AP}=k(\boldsymbol{a}+\boldsymbol{b})$，$\overrightarrow{BP}=s(\boldsymbol{b}-2\boldsymbol{a})$，又 $\overrightarrow{AP}=\overrightarrow{AB}+\overrightarrow{BP}=\boldsymbol{a}+s(\boldsymbol{b}-2\boldsymbol{a})$，可知

$$k(\boldsymbol{a}+\boldsymbol{b})=\boldsymbol{a}+s(\boldsymbol{b}-2\boldsymbol{a})$$

由 $\boldsymbol{a}\nparallel\boldsymbol{b}$(不共线)及**推论 4** 可得 $k=1-2s$，$k=s\Rightarrow k=s=\frac{1}{3}$. 故

$$\overrightarrow{AP}=\frac{1}{3}(\boldsymbol{a}+\boldsymbol{b})$$

再设中线 AM，CD 的交点是 G，同理可得 $\overrightarrow{AG}=\frac{1}{3}(\boldsymbol{a}+\boldsymbol{b})$. 于是 $\overrightarrow{AP}=\overrightarrow{AG}\Rightarrow P=G$，即三中线交于一点.

另外，由 $\overrightarrow{AM}=\frac{1}{2}(\boldsymbol{a}+\boldsymbol{b})$，$\overrightarrow{AP}=\frac{1}{3}(\boldsymbol{a}+\boldsymbol{b})$可得

$$\overrightarrow{AP}=\frac{2}{3}\overrightarrow{AM}$$

即 $AP=\frac{2}{3}AM$，可知 $AP=2PM$.

注：共线定理 1 是建立轴上坐标的重要依据.

由给定的一点 O 及单位向量 $\boldsymbol{e}$ 确定的有向直线叫作**轴**，记作 v **轴**，或 Ov **轴**，如图 1-10 所示. 轴上任一点 P 对应一个**位置向量** $\overrightarrow{OP}$，由于 $\overrightarrow{OP}/\!/\boldsymbol{e}$，据**共线定理**，必有**唯一实数** x，使 $\overrightarrow{OP}=x\boldsymbol{e}$，从而点 P、向量 $\overrightarrow{OP}$ 与实数 x 三者之间有一一对应关系，即

$$\text{点 } P\leftrightarrow\text{向量}\overrightarrow{OP}=x\boldsymbol{e}\leftrightarrow\text{实数 } x$$

于是，数轴上的点 P 与实数 x 有一一对应的关系. 据此，把实数 x 叫作 v 轴上点 P 的坐标，又叫作向量 $\overrightarrow{OP}$ 的坐标，即实数 x 可以同时表示点 P 与向量 $\overrightarrow{OP}$. 可

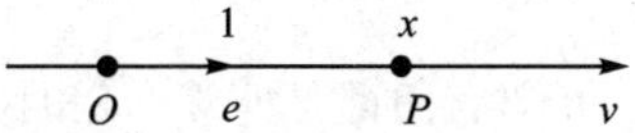

图 1-10

知，轴上点 P 的坐标为 x 的充要条件是 $\overrightarrow{OP}=x\boldsymbol{e}$.

下面讨论向量的分解，先引入三个向量的**共面定理**.

定理 2　设向量 $\boldsymbol{a}$, $\boldsymbol{b}$ 不共线($\boldsymbol{a}\not\parallel\boldsymbol{b}$)，则向量 $\boldsymbol{c}$ 与 $\boldsymbol{a}$, $\boldsymbol{b}$ 共面的充要条件是存在唯一的**实数** x, y 使得 $\boldsymbol{c}=x\boldsymbol{a}+y\boldsymbol{b}$.

证　必要性：设 $\boldsymbol{a}$, $\boldsymbol{b}$, $\boldsymbol{c}$ 共面. 若 $\boldsymbol{a}$ 与 $\boldsymbol{c}$ 共线，由**共线定理 1**，有 $\boldsymbol{c}=x\boldsymbol{a}+0\boldsymbol{b}$；同理，若 $\boldsymbol{b}$ 与 $\boldsymbol{c}$ 共线，有 $\boldsymbol{c}=0\boldsymbol{a}+y\boldsymbol{b}$. 再设 $\boldsymbol{a}$, $\boldsymbol{b}$, $\boldsymbol{c}$ 互不共线，由于 $\boldsymbol{a}$, $\boldsymbol{b}$, $\boldsymbol{c}$ 共面，可再作平行四边形 $OACB$，使 $\overrightarrow{OA}\parallel\boldsymbol{a}$, $\overrightarrow{OB}\parallel\boldsymbol{b}$ 且 $\boldsymbol{c}=\overrightarrow{OC}=\overrightarrow{OA}+\overrightarrow{OB}$. 由**共线定理 1**，有 $\overrightarrow{OA}=x\boldsymbol{a}$, $\overrightarrow{OB}=y\boldsymbol{b}$，则有 $c=x\boldsymbol{a}+y\boldsymbol{b}$，如图 1-11 所示.

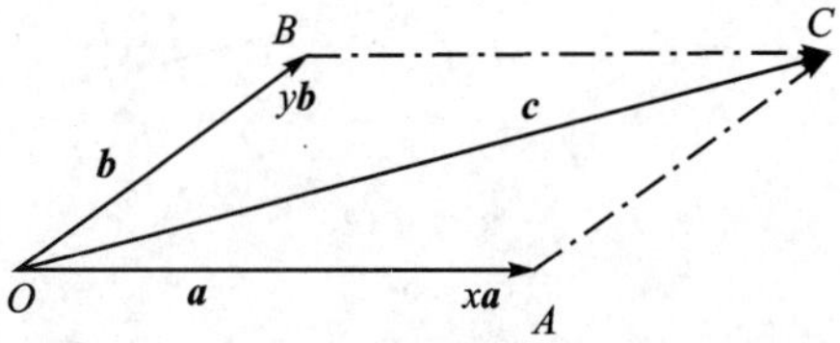

图 1-11

充分性：设 $\boldsymbol{c}=x\boldsymbol{a}+y\boldsymbol{b}$，则 $x\boldsymbol{a}$, $y\boldsymbol{b}$, $\boldsymbol{c}$ 共面，于是 $\boldsymbol{a}$, $\boldsymbol{b}$, $\boldsymbol{c}$ 共面.

唯一性：如果有 $\boldsymbol{c}=x\boldsymbol{a}+y\boldsymbol{b}=k\boldsymbol{a}+l\boldsymbol{b}$，由 $\boldsymbol{a}$ 与 $\boldsymbol{b}$ 不共线及**推论 4** 可知，$x=k$, $y=l$.

由此可得如下结论：

推论 5　向量 $\boldsymbol{a}$, $\boldsymbol{b}$, $\boldsymbol{c}$ 共面的充要条件是存在不全为 0 的实数 x, y, z 使得

$$x\boldsymbol{a}+y\boldsymbol{b}+z\boldsymbol{c}=\boldsymbol{0}$$

特别地，若 $\boldsymbol{a}$, $\boldsymbol{b}$, $\boldsymbol{c}$ 不共面，且 $x\boldsymbol{a}+y\boldsymbol{b}+z\boldsymbol{c}=\boldsymbol{0}$，则 $x=y=z=0$.

推论 6　若 $\boldsymbol{a}$, $\boldsymbol{b}$, $\boldsymbol{c}$ 不共面，且 $x\boldsymbol{a}+y\boldsymbol{b}+z\boldsymbol{c}=x'\boldsymbol{a}+y'\boldsymbol{b}+z'\boldsymbol{c}$，则

$$x=x',\quad y=y',\quad z=z'$$

注：若 $\boldsymbol{a}$, $\boldsymbol{b}$, $\boldsymbol{c}$ 共面，则称它们**线性相关**，若 $\boldsymbol{a}$, $\boldsymbol{b}$, $\boldsymbol{c}$ 不共面，就称它们**线性无关**.

上述推论给出了 3 个向量线性相关与线性无关的代数条件.

下面给出空间**向量分解定理**.

定理 3　若 $\boldsymbol{a}$, $\boldsymbol{b}$, $\boldsymbol{c}$ 不共面，则空间中任一向量 $\boldsymbol{v}$ 存在唯一的数组 (x, y, z),

使得 $\boldsymbol{v}=x\boldsymbol{a}+y\boldsymbol{b}+z\boldsymbol{c}$.

证 因 $\boldsymbol{a}$, $\boldsymbol{b}$, $\boldsymbol{c}$ 不共面,可知它们都是非零向量且 $\boldsymbol{a}$, $\boldsymbol{b}$, $\boldsymbol{c}$ 互不共线.

设 $\boldsymbol{v}$ 与 $\boldsymbol{a}$, $\boldsymbol{b}$, $\boldsymbol{c}$ 中任意两个向量共面,由**定理 2** 知,要证的结论显然成立,例如 $\boldsymbol{v}$ 与 $\boldsymbol{a}$, $\boldsymbol{b}$ 共面,则有 $\boldsymbol{v}=x\boldsymbol{a}+y\boldsymbol{b}+0\boldsymbol{c}$.

再设 $\boldsymbol{v}$ 与 $\boldsymbol{a}$, $\boldsymbol{b}$, $\boldsymbol{c}$ 中任意两个向量都不共面. 如图 1-12 所示,把 $\boldsymbol{a}$, $\boldsymbol{b}$, $\boldsymbol{c}$, $\boldsymbol{v}$ 平移到公共起点 O,令 $\boldsymbol{v}=\overrightarrow{OP}$,过 P 作直线 $PN/\!/\boldsymbol{c}$ 且 PN 与 $\boldsymbol{a}$, $\boldsymbol{b}$ 所在的平面交于点 N,则 $\overrightarrow{ON}$ 与 $\boldsymbol{a}$, $\boldsymbol{b}$ 共面,由**定理 2** 知,$\overrightarrow{ON}=x\boldsymbol{a}+y\boldsymbol{b}$. 又 $\overrightarrow{NP}/\!/\boldsymbol{c}$,据**定理 1** 可设 $\overrightarrow{NP}=z\boldsymbol{c}$,故有

$$\boldsymbol{v}=\overrightarrow{OP}=\overrightarrow{ON}+\overrightarrow{NP}=x\boldsymbol{a}+y\boldsymbol{b}+z\boldsymbol{c}$$

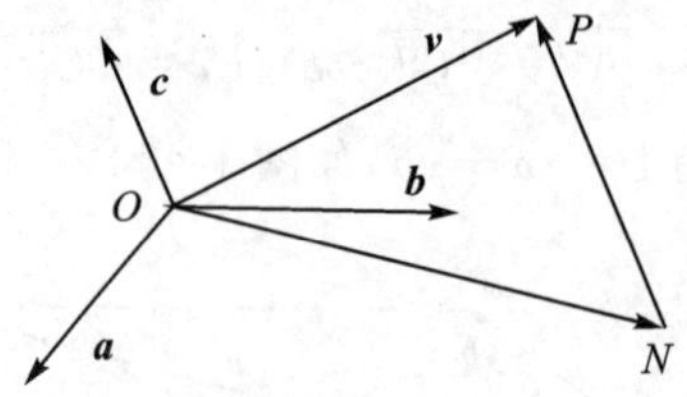

图 1-12

再证数组 x, y, z 的唯一性. 可设 $\boldsymbol{v}=x\boldsymbol{a}+y\boldsymbol{b}+z\boldsymbol{c}=x'\boldsymbol{a}+y'\boldsymbol{b}+z'\boldsymbol{c}$,因 $\boldsymbol{a}$, $\boldsymbol{b}$, $\boldsymbol{c}$ 不共面,根据**推论 6**,必有 $x=x'$, $y=y'$, $z=z'$.

习题 1.1

1. 把$\triangle ABC$ 的 BC 边三等分,设分点依次为 D_1, D_2. 试以 $\overrightarrow{AB}=\boldsymbol{c}$,$\overrightarrow{BC}=\boldsymbol{a}$ 表示向量 $\overrightarrow{AD_1}$ 和 $\overrightarrow{AD_2}$.

2. 把$\triangle ABC$ 的 BC 边五等分,设分点依次为 D_1, D_2, D_3, D_4,再把各点与点 A 连接. 试以 $\overrightarrow{AB}=\boldsymbol{c}$,$\overrightarrow{BC}=\boldsymbol{a}$ 表示向量 $\overrightarrow{D_1A}$,$\overrightarrow{D_2A}$,$\overrightarrow{D_3A}$ 和 $\overrightarrow{D_4A}$.

3. 设 M 是线段 AB 的中点,证明:对任意一点 P 有中点公式 $\overrightarrow{PM}=\frac{1}{2}(\overrightarrow{PA}+\overrightarrow{PB})$.

4. 设$\triangle ABC$ 三边 $\overrightarrow{BC}=\boldsymbol{a}$, $\overrightarrow{CA}=\boldsymbol{b}$, $\overrightarrow{AB}=\boldsymbol{c}$,三边**中点**依次为 D,E,F,试用 $\boldsymbol{a}$,$\boldsymbol{b}$,$\boldsymbol{c}$ 表示 $\overrightarrow{AD}$,$\overrightarrow{BE}$,$\overrightarrow{CF}$,并计算 $\overrightarrow{AD}+\overrightarrow{BE}+\overrightarrow{CF}$.

5. 设 $\boldsymbol{r}_1=k\boldsymbol{a}-s\boldsymbol{b}$, $\boldsymbol{r}_2=s\boldsymbol{b}-t\boldsymbol{c}$, $\boldsymbol{r}_3=t\boldsymbol{c}-k\boldsymbol{a}$, 求 $\boldsymbol{r}_1+\boldsymbol{r}_2+\boldsymbol{r}_3$,证明 $\boldsymbol{r}_1$,$\boldsymbol{r}_2$,$\boldsymbol{r}_3$

共面.

6. 设共线三点 A,B,P 满足 $\overrightarrow{AP}=\lambda\overrightarrow{PB}(\lambda\neq -1)$，$O$ 是空间任一点，求证：$\overrightarrow{OP}=\dfrac{1}{1+\lambda}(\overrightarrow{OA}+\lambda\ \overrightarrow{OB})$.

7. 利用向量的中点公式证明平行四边形的对角线互相平分.

8. 设 P 是 $\triangle ABC$ 内部一点，且 $\overrightarrow{PA}+\overrightarrow{PB}+\overrightarrow{PC}=\mathbf{0}$，证明：$P$ 是三边中线的交点.

9. 利用中点公式证明：四面体的对边中点连线交于一点，且互相平分.

10. 若向量 $\boldsymbol{a}$，$\boldsymbol{b}$ 的模相同，即 $|\boldsymbol{a}|=|\boldsymbol{b}|$，画图证明：$\boldsymbol{a}+\boldsymbol{b}$ 落在 $\boldsymbol{a}$，$\boldsymbol{b}$ 夹角的平分线上. 特别地，对任意非零向量 $\boldsymbol{a}$，$\boldsymbol{b}$，则 $\dfrac{\boldsymbol{a}}{|\boldsymbol{a}|}+\dfrac{\boldsymbol{b}}{|\boldsymbol{b}|}$ 必在 $\boldsymbol{a}$，$\boldsymbol{b}$ 夹角的平分线上.

*11. 设 $\triangle ABC$ 中，$\overrightarrow{AB}=\boldsymbol{x}$，$\overrightarrow{AC}=\boldsymbol{y}$，$AD$ 是角 A 的平分线，与 BC 交于 D 点. 求证：$\overrightarrow{AD}=\dfrac{|\boldsymbol{y}|\boldsymbol{x}+|\boldsymbol{x}|\boldsymbol{y}}{|\boldsymbol{x}|+|\boldsymbol{y}|}$.

*12. 证明：三角形 3 条内角平分线交于一点.（提示：设 $\overrightarrow{AC}=\boldsymbol{b}$，$\overrightarrow{AB}=\boldsymbol{c}$，$\angle A$，$\angle B$ 的平分线交于点 P，可写 $\overrightarrow{AP}=k\left(\dfrac{\boldsymbol{b}}{|\boldsymbol{b}|}+\dfrac{\boldsymbol{c}}{|\boldsymbol{c}|}\right)$，利用 $\boldsymbol{b}$，$\boldsymbol{c}$ 线性无关求出 k.）

1.2　标架与坐标

1. 标架与坐标的概念

为了用数量表示向量与几何图形，需要给向量引入坐标，同时给点引入坐标，通过坐标把向量运算转化为数量运算，从而把代数运算引到几何中，以便把向量与代数结合起来处理几何问题.

由上节**向量分解定理 3** 知，任给三个不共面的有序向量 $\{\boldsymbol{e}_1,\boldsymbol{e}_2,\boldsymbol{e}_3\}$，则空间中任一向量 $\boldsymbol{v}$ 都有分解 $\boldsymbol{v}=x\boldsymbol{e}_1+y\boldsymbol{e}_2+z\boldsymbol{e}_3$，且**数组 (x,y,z) 唯一存在**. 称 $\{\boldsymbol{e}_1,\boldsymbol{e}_2,\boldsymbol{e}_3\}$ 为**空间中一个基**. 有序数组 (x,y,z) 叫作**向量 $\boldsymbol{v}$ 关于基 $\{\boldsymbol{e}_1,\boldsymbol{e}_2,\boldsymbol{e}_3\}$ 的坐标**，记作 $\boldsymbol{v}=(x,y,z)$.

空间中给定一点 O 后，任一点 P 决定一个向量 $\boldsymbol{r}=\overrightarrow{OP}$，$\boldsymbol{r}$ 叫作 P 的**向径或定位向量**. 可知给定一点 O，则**点 P 与向径 $\boldsymbol{r}=\overrightarrow{OP}$ 是一一对应的关系**.

定义 1 以空间中定点 O 为起点的三个不共面的有序向量 $\boldsymbol{e}_1,\boldsymbol{e}_2,\boldsymbol{e}_3$ 称为空间中一个**标架**，记作 $\{O,\boldsymbol{e}_1,\boldsymbol{e}_2,\boldsymbol{e}_3\}$，$O$ 叫作**原点**，$\{\boldsymbol{e}_1,\boldsymbol{e}_2,\boldsymbol{e}_3\}$ 叫作**基向量**. **也称** $\{O,\boldsymbol{e}_1,\boldsymbol{e}_2,\boldsymbol{e}_3\}$ 为**仿射坐标系(仿射标架)**.

任一点 P 的**向径** $\boldsymbol{r}=\overrightarrow{OP}$ 有唯一分解 $\boldsymbol{r}=x\boldsymbol{e}_1+y\boldsymbol{e}_2+z\boldsymbol{e}_3$，**有序数组** (x,y,z) 叫作点 P **关于标架** $\{O,\boldsymbol{e}_1,\boldsymbol{e}_2,\boldsymbol{e}_3\}$ **的坐标，记作** $P(x,y,z)$.

同时 (x,y,z) **也是向径** $\boldsymbol{r}=\overrightarrow{OP}$ **关于标架** $\{O,\boldsymbol{e}_1,\boldsymbol{e}_2,\boldsymbol{e}_3\}$ **的坐标**，如图 1-13 所示. 记为 $\boldsymbol{r}=\overrightarrow{OP}=(x,y,z)$.

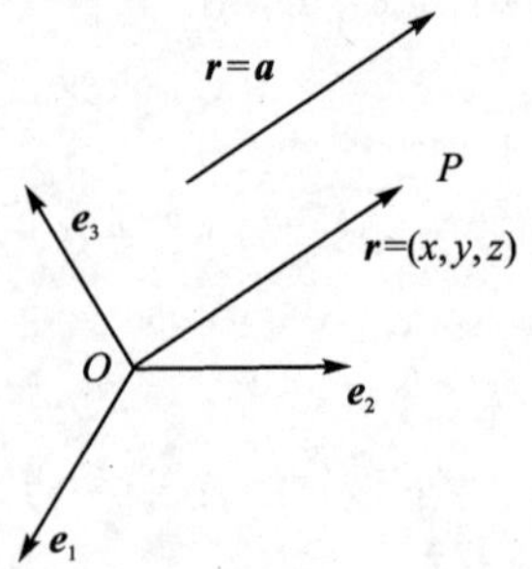

图 1-13

上述定义表明，一点 P 与它的**向径(定位向量)**有相同的坐标. 记号 (x,y,z) 既表示点 P，也表示向量 $\overrightarrow{OP}$，简记为**向量** $\overrightarrow{OP}=(x,y,z)$，点 $P(x,y,z)$.

显然，给定**向径** $\boldsymbol{r}=\overrightarrow{OP}$，就确定了点 P，也确定了**有序数组** (x,y,z)；反之，给定**有序数组** (x,y,z)，也就确定了向量 $\boldsymbol{r}=\overrightarrow{OP}$ 与点 P. 于是**点** P，**向量** $\boldsymbol{r}=\overrightarrow{OP}$ **与有序数组** (x,y,z) **三者之间是一一对应关系**，即

$$P\leftrightarrow\boldsymbol{r}=\overrightarrow{OP}=x\boldsymbol{e}_1+y\boldsymbol{e}_2+z\boldsymbol{e}_3\leftrightarrow(x,y,z)$$

据此，**可把向量** $\boldsymbol{r}$、**点** P、**数组** (x,y,z) **三者统一起来，即数组** (x,y,z) **可以表示向量** $\boldsymbol{r}$，**也可以表示点** P.

注意：任一自由向量 $\boldsymbol{a}$ 的起点可平移到**原点** O（见图 1-13），令 $\boldsymbol{r}=\boldsymbol{a}=\overrightarrow{OP}$ 则有

$$\boldsymbol{a}=x\boldsymbol{e}_1+y\boldsymbol{e}_2+z\boldsymbol{e}_3$$

可知向量 $\boldsymbol{a}$ 关于标架 $\{O,\boldsymbol{e}_1,\boldsymbol{e}_2,\boldsymbol{e}_3\}$ 的坐标为 $\boldsymbol{a}=(x,y,z)$. 即有

命题 1 向量 $\boldsymbol{a}$ 的坐标为 $\boldsymbol{a}=(x,y,z)$ 当且仅当 $\boldsymbol{a}=x\boldsymbol{e}_1+y\boldsymbol{e}_2+z\boldsymbol{e}_3$.

例如，若 $\boldsymbol{a}=\boldsymbol{e}_1+\boldsymbol{e}_2+\boldsymbol{e}_3$，$\boldsymbol{b}=\boldsymbol{e}_1+\boldsymbol{e}_2$，$\boldsymbol{c}=-\boldsymbol{e}_3$，则它们的坐标分别为

$$\boldsymbol{a}=(1,\ 1,\ 1),\quad \boldsymbol{b}=(1,\ 1,\ 0),\quad \boldsymbol{c}=(0,\ 0,\ -1)$$

特别地，基向量 $\boldsymbol{e}_1,\boldsymbol{e}_2,\boldsymbol{e}_3$ 关于标架 $\{O,\boldsymbol{e}_1,\boldsymbol{e}_2,\boldsymbol{e}_3\}$ 的坐标为

$$\boldsymbol{e}_1=(1,0,0),\quad \boldsymbol{e}_2=(0,1,0),\quad \boldsymbol{e}_3=(0,0,1)$$

通常，**定义 1** 中的**仿射标架** $\{O,\boldsymbol{e}_1,\boldsymbol{e}_2,\boldsymbol{e}_3\}$ 又叫**斜坐标系**.

思考题　给出**平面仿射标架** $\{O,\boldsymbol{e}_1,\boldsymbol{e}_2\}$ 与坐标的定义.

定义 2　设标架 $\{O,\boldsymbol{e}_1,\boldsymbol{e}_2,\boldsymbol{e}_3\}$ 的三个**基向量** $\boldsymbol{e}_1,\boldsymbol{e}_2,\boldsymbol{e}_3$ 都是**单位向量**，且互相垂直，则称 $\{O,\boldsymbol{e}_1,\boldsymbol{e}_2,\boldsymbol{e}_3\}$ 为**直角标架，也叫直角坐标系**，如图 1-14 所示.

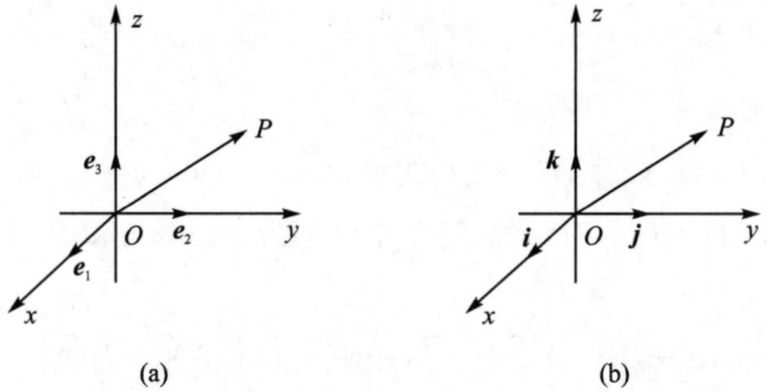

图 1-14

通常把**直角标架**记为 $\{O,\boldsymbol{i},\boldsymbol{j},\boldsymbol{k}\}$，$\{\boldsymbol{i},\boldsymbol{j},\boldsymbol{k}\}$ 是基向量，如图 1-14(b) 所示. 也可以在空间中取定一个原点 O 和三个互相垂直的单位向量 $\boldsymbol{i},\boldsymbol{j},\boldsymbol{k}$，过点 O，分别作以 $\boldsymbol{i},\boldsymbol{j},\boldsymbol{k}$ 为方向的有向直线，从而确定三条以 O 为原点的两两垂直的**轴**，依次记为 x 轴（横轴）、y 轴（纵轴）、z 轴（竖轴），统称为坐标轴. 它们构成了**直角坐标系** $\{O,\boldsymbol{i},\boldsymbol{j},\boldsymbol{k}\}$，也记作 $Oxyz$. 通常约定，**基向量** $\{\boldsymbol{i},\boldsymbol{j},\boldsymbol{k}\}$ **符合右手系**，即以右手握住 z 轴，当弯曲的四指从 x 轴正向以小于 π 角转向 y 轴正向时，拇指的指向就是 z 轴的正向，这时 $\{O,\boldsymbol{i},\boldsymbol{j},\boldsymbol{k}\}$ 叫**右手坐标系**，如图 1-15 所示.

通常把 x 轴和 y 轴配置在水平面上，而 z 轴则是铅垂线. 三条坐标轴中的任意两条可以确定一个平面，这样定出的三个平面统称为坐标面. x 轴及 y 轴所确定的坐标面叫作 xOy 面，另两个由 y 轴及 z 轴和由 z 轴及 x 轴所确定的坐标面，分别叫作 yOz 面及 zOx 面. 三个坐标面把空间分成八部分，每一部分叫作一个**卦限**. 含有 x 轴、y 轴与 z 轴正半轴的那个卦限叫作第一卦限，其他第二、第三、第四卦限，在 xOy 面的上方，按逆时针方向确定. 第五～八卦限，在 xOy 面的下方，由第一卦限之下的第五卦限，按逆时针方向确定，这八个卦限分别用字母 Ⅰ、Ⅱ、Ⅲ、Ⅳ、Ⅴ、

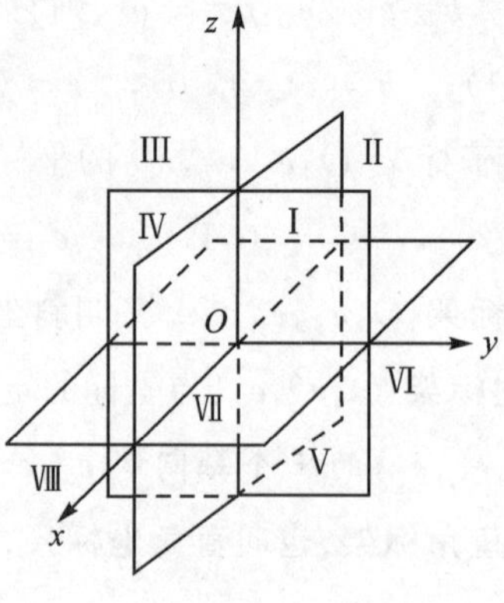

图 1 - 15

Ⅵ、Ⅶ、Ⅷ表示，如图 1 - 15 所示.

正交标架$\{O, \boldsymbol{i}, \boldsymbol{j}, \boldsymbol{k}\}$中，任给**自由向量** $\boldsymbol{a}$，以原点 O 为起点，对应**终点为** P，使**向径** $\boldsymbol{r}=\overrightarrow{OP}=\boldsymbol{a}$，以 OP 为对角线、三条坐标轴为边作**长方体** $DFPQ-OABC$. 如图 1 - 16 所示，有

$$\boldsymbol{r}=\overrightarrow{OP}=\overrightarrow{OA}+\overrightarrow{AB}+\overrightarrow{BP}=\overrightarrow{OA}+\overrightarrow{OC}+\overrightarrow{OD}$$

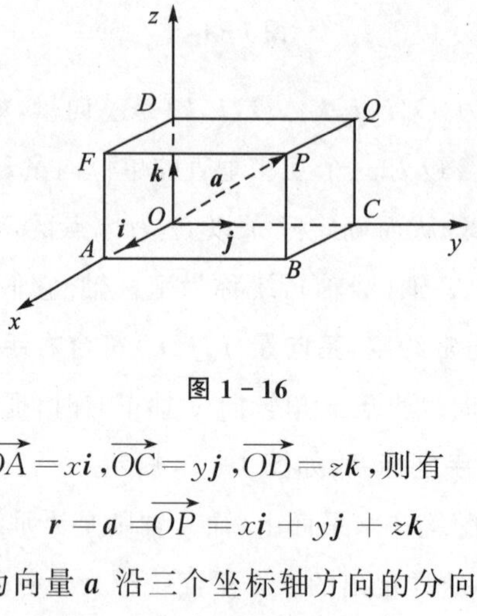

图 1 - 16

由上节**共线定理**，可令 $\overrightarrow{OA}=x\boldsymbol{i}, \overrightarrow{OC}=y\boldsymbol{j}, \overrightarrow{OD}=z\boldsymbol{k}$，则有

$$\boldsymbol{r}=\boldsymbol{a}=\overrightarrow{OP}=x\boldsymbol{i}+y\boldsymbol{j}+z\boldsymbol{k}$$

上式中，$x\boldsymbol{i}$，$y\boldsymbol{j}$，$z\boldsymbol{k}$ 称为向量 $\boldsymbol{a}$ 沿三个坐标轴方向的分向量(投影向量). 此时，向量 $\boldsymbol{a}$ 的直角坐标为 $\boldsymbol{a}=(x, y, z)$，点 P 的坐标为 $P(x, y, z)$.

特别地，3 个基本向量 $\boldsymbol{i}$，$\boldsymbol{j}$，$\boldsymbol{k}$ 的坐标为

$$\boldsymbol{i}=(1, 0, 0), \quad \boldsymbol{j}=(0, 1, 0), \quad \boldsymbol{k}=(0, 0, 1)$$

坐标面上和坐标轴上的点，其坐标各有一定的特征. 例如：如果点 P 在 yOz 面上，则 $x=0$；同样，在 zOx 面上的点，$y=0$；在面 xOy 上的点，$z=0$. 如果点 P 是 z

轴上的点，则 $x=y=0$. 特别地，原点 O 的坐标为 $O(0,0,0)$.

思考题　如何确定八个卦限内点的坐标的正负号.

2. 用坐标作向量运算

给定**仿射标架**$\{O,\boldsymbol{e}_1,\boldsymbol{e}_2,\boldsymbol{e}_3\}$(**仿射坐标系**). 设向量 $\boldsymbol{a}=a_1\boldsymbol{e}_1+a_2\boldsymbol{e}_2+a_3\boldsymbol{e}_3=(a_1, a_2, a_3)$, $\boldsymbol{b}=b_1\boldsymbol{e}_1+b_2\boldsymbol{e}_2+b_3\boldsymbol{e}_3=(b_1, b_2, b_3)$. 利用向量坐标，可得向量的**加法及倍法**的运算规则.

命题 1　设向量 $\boldsymbol{a}=(a_1, a_2, a_3)$, $\boldsymbol{b}=(b_1, b_2, b_3)$, λ 是任意实数，则有

(1) $\boldsymbol{a}+\boldsymbol{b}=(a_1+b_1, a_2+b_2, a_3+b_3)$;

(2) $\boldsymbol{a}-\boldsymbol{b}=(a_1-b_1, a_2-b_2, a_3-b_3)$;

(3) $\lambda\boldsymbol{a}=(\lambda a_1, \lambda a_2, \lambda a_3)$.

证　利用向量加法的交换律和结合律，以及数乘的结合律与分配律，有

$$\boldsymbol{a}+\boldsymbol{b}=(a_1+b_2)\boldsymbol{e}_1+(a_2+b_2)\boldsymbol{e}_2+(a_3+b_3)\boldsymbol{e}_3$$

$$\boldsymbol{a}-\boldsymbol{b}=(a_1-b_1)\boldsymbol{e}_1+(a_2-b_2)\boldsymbol{e}_2+(a_3-b_3)\boldsymbol{e}_3$$

$$\lambda\boldsymbol{a}=(\lambda a_1)\boldsymbol{e}_1+(\lambda a_2)\boldsymbol{e}_2+(\lambda a_3)\boldsymbol{e}_3 \quad (\lambda \text{ 为实数})$$

由向量坐标定义可知，结论(1),(2),(3)成立.

由此可见，对向量进行加减与数乘，只须对向量的各个坐标进行相应的数量运算. 例如，对于基向量 $\boldsymbol{e}_1=(1,0,0)$, $\boldsymbol{e}_2=(0,1,0)$, $\boldsymbol{e}_3=(0,0,1)$，可写 $\boldsymbol{a}=\boldsymbol{e}_1+2\boldsymbol{e}_2+2\boldsymbol{e}_3=(1, 0, 0)+2(0, 1, 0)+2(0, 0, 1)=(1, 2, 2)$.

定理 1　两点 $A(x_1, y_1, z_1)$, $B(x_2, y_2, z_2)$确定的向量 $\overrightarrow{AB}$ 的坐标是

$$\overrightarrow{AB}=(x_2-x_1, y_2-y_1, z_2-z_1)$$

即**向量 $\overrightarrow{AB}$ 的坐标等于其终点的坐标减去起点的坐标**，如图 1－17 所示.

证　由向径的坐标 $\overrightarrow{OB}=(x_2, y_2, z_2)$, $\overrightarrow{OA}=(x_1, y_1, z_1)$ 可知

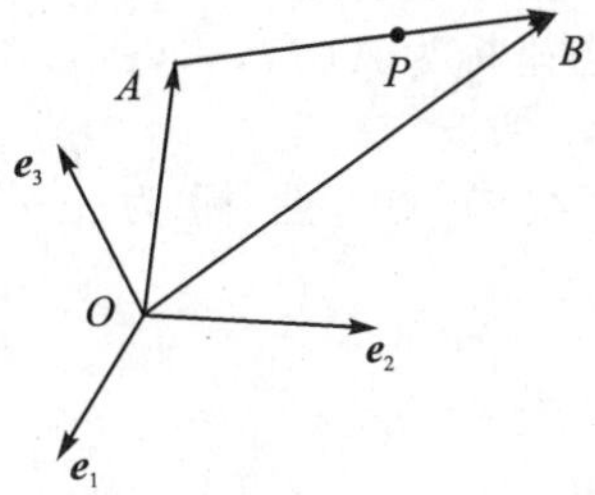

图 1－17

$$\overrightarrow{AB}=\overrightarrow{OB}-\overrightarrow{OA}=(x_2,y_2,z_2)-(x_1,y_1,z_1)=(x_2-x_1,\ y_2-y_1,\ z_2-z_1)$$

例 1.2.1 给定坐标系$\{O,\boldsymbol{e}_1,\boldsymbol{e}_2,\boldsymbol{e}_3\}$，设点$A(x_1,y_1,z_1)$和$B(x_2,y_2,z_2)$以及实数$\lambda\neq-1$，在直线$AB$上求点$P$使$\overrightarrow{AP}=\lambda\overrightarrow{PB}$，其中$P$叫线段$\overrightarrow{AB}$的**定比分点**.

解 如图 1-17 所示，由于 $\overrightarrow{AP}=\overrightarrow{OP}-\overrightarrow{OA}$，$\overrightarrow{PB}=\overrightarrow{OB}-\overrightarrow{OP}$，因此

$$\overrightarrow{OP}-\overrightarrow{OA}=\lambda(\overrightarrow{OB}-\overrightarrow{OP})$$

可得

$$\overrightarrow{OP}=\frac{\overrightarrow{OA}+\lambda\overrightarrow{OB}}{1+\lambda}$$

用$\overrightarrow{OA}$,$\overrightarrow{OB}$的坐标(点A,B的坐标)代入，可得$\overrightarrow{OP}$的坐标为

$$\overrightarrow{OP}=\left(\frac{x_1+\lambda x_2}{1+\lambda},\frac{y_1+\lambda y_2}{1+\lambda},\frac{z_1+\lambda z_2}{1+\lambda}\right)$$

且P的坐标为

$$\left(\frac{x_1+\lambda x_2}{1+\lambda},\frac{y_1+\lambda y_2}{1+\lambda},\frac{z_1+\lambda z_2}{1+\lambda}\right)$$

令$\lambda=1$，得$\overrightarrow{AB}$ **中点的坐标公式为**

$$\overrightarrow{OP}=\frac{\overrightarrow{OA}+\overrightarrow{OB}}{2}=\left(\frac{x_1+x_2}{2},\frac{y_1+y_2}{2},\frac{z_1+z_2}{2}\right)$$

由本例可得如下结论.

命题 2 给定比值$\lambda\neq-1$，则有向线段$\overrightarrow{AB}$的定比分点P的向径为

$$\overrightarrow{OP}=\frac{\overrightarrow{OA}+\lambda\overrightarrow{OB}}{1+\lambda}\quad\text{(定比分点公式)}$$

特别地，$\overrightarrow{AB}$的中点向径为

$$\overrightarrow{OP}=\frac{\overrightarrow{OA}+\overrightarrow{OB}}{2}\quad\text{(中点公式)}$$

例 1.2.2 设三角形顶点坐标为$A(x_1,y_1,z_1)$，$B(x_2,y_2,z_2)$，$C(x_3,y_3,z_3)$，则$\triangle ABC$的重心（三中线交点）坐标为$\left(\frac{x_1+x_2+x_3}{3},\frac{y_1+y_2+y_3}{3},\frac{z_1+z_2+z_3}{3}\right)$.

证 令$\triangle ABC$的重心是P，可知$AP=2PM$(见图 1-18)，即有$\overrightarrow{AP}=\lambda\overrightarrow{PM}$，其中$\lambda=2$. 对于$\overrightarrow{AM}$及点$P$，设$O$为原点，利用**定比分点公式**可知

$$\overrightarrow{OP}=\frac{\overrightarrow{OA}+2\overrightarrow{OM}}{1+2}=\frac{\overrightarrow{OA}+2\overrightarrow{OM}}{3}$$

且

$$\overrightarrow{OM}=\frac{\overrightarrow{OB}+\overrightarrow{OC}}{2}\quad\text{(中点公式)}$$

故有

$$\overrightarrow{OP}=\frac{\overrightarrow{OA}+\overrightarrow{OB}+\overrightarrow{OC}}{3}$$

代入向量坐标可得

$$\overrightarrow{OP}=\frac{\overrightarrow{OA}+\overrightarrow{OB}+\overrightarrow{OC}}{3}=\left(\frac{x_1+x_2+x_3}{3},\frac{y_1+y_2+y_3}{3},\frac{z_1+z_2+z_3}{3}\right)$$

即得重心 P 的坐标.

此例也给出如下结论：**$\triangle ABC$ 的重心 P 的公式为**

$$\overrightarrow{OP}=\frac{\overrightarrow{OA}+\overrightarrow{OB}+\overrightarrow{OC}}{3}$$

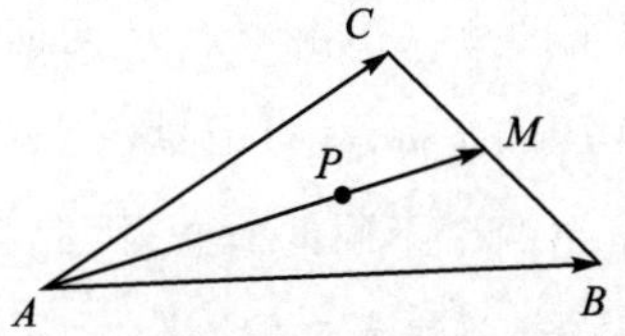

图 1－18

***例 1.2.3**　证明：四面体 $OABC$ 的对边中点连线交于一点，如图 1－19 所示.

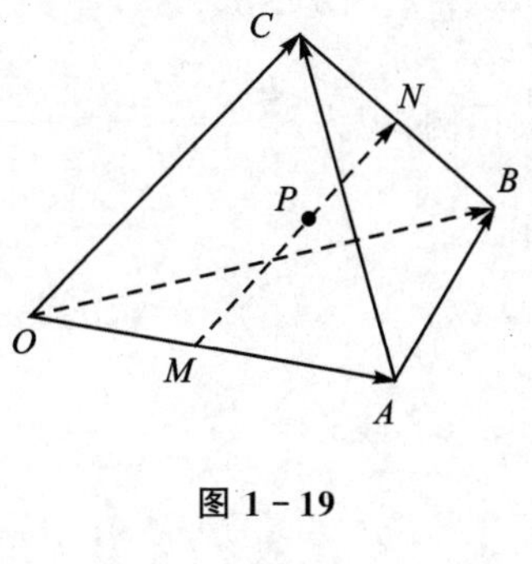

图 1－19

证　令 $\overrightarrow{OA}=\boldsymbol{e}_1$，$\overrightarrow{OB}=\boldsymbol{e}_2$，$\overrightarrow{OC}=\boldsymbol{e}_3$，引入斜标架 $\{O,\boldsymbol{e}_1,\boldsymbol{e}_2,\boldsymbol{e}_3\}$.

设一组对边 OA，BC 的中点分别记为 M，N，则有坐标

$$\overrightarrow{OA}=(1,0,0),\ \overrightarrow{OB}=(0,1,0),\ \overrightarrow{OC}=(0,0,1)$$

且

$$\overrightarrow{ON}=\frac{\overrightarrow{OB}+\overrightarrow{OC}}{2}=\left(0,\frac{1}{2},\frac{1}{2}\right),\ \overrightarrow{OM}=\frac{1}{2}\overrightarrow{OA}=\left(\frac{1}{2},0,0\right)$$

可得 MN 的中点 P 的向径坐标为

$$\overrightarrow{OP}=\frac{\overrightarrow{OM}+\overrightarrow{ON}}{2}=\frac{1}{2}\left(\frac{1}{2},0,0\right)+\frac{1}{2}\left(0,\frac{1}{2},\frac{1}{2}\right)=\left(\frac{1}{4},\frac{1}{4},\frac{1}{4}\right)$$

即得中点 P 的坐标为

$$\left(\frac{1}{4},\frac{1}{4},\frac{1}{4}\right)$$

同理可得,另外两组对边中点连线的中点坐标都是 $\left(\frac{1}{4},\frac{1}{4},\frac{1}{4}\right)$,因此三组对边的中点连线相交于一点.

注意: 本题中 $\overrightarrow{OP}=\left(\frac{1}{4},\frac{1}{4},\frac{1}{4}\right)$ 的几何含义是 $\overrightarrow{OP}=\frac{1}{4}(\boldsymbol{e}_1+\boldsymbol{e}_2+\boldsymbol{e}_3)$.

通过以上例子应注意以下两点:(1)由于点 P 与向径 $\overrightarrow{OP}$ 有相同的坐标,因此,求点 P 的坐标就是求向径 $\overrightarrow{OP}$ 的坐标. (2)记号 (x,y,z) 既可表示点 P,又可表示向量 $\overrightarrow{OP}$,在几何上点与向量是两个不同的概念. 因此看到数组记号 (x,y,z) 时,须从上下文去判定它究竟表示点还是表示向量,当 (x,y,z) 表示向量时,可对它进行运算;当 (x,y,z) 表示点时,就不可进行运算.

利用向量坐标可表示向量的共线条件. 设 $\boldsymbol{a}=(a_1,a_2,a_3)$, $\boldsymbol{b}=(b_1,b_2,b_3)$. 由上节的**共线定理**可知,若向量 $\boldsymbol{a}\neq 0$,则有 $\boldsymbol{b}/\!/\boldsymbol{a}\Leftrightarrow \boldsymbol{b}=k\boldsymbol{a}$,代入坐标有

$$\boldsymbol{b}/\!/\boldsymbol{a}\Leftrightarrow \boldsymbol{b}=k\boldsymbol{a}\Leftrightarrow (b_1,b_2,b_3)=k(a_1,a_2,a_3)$$

即向量 $\boldsymbol{b}$ 与 $\boldsymbol{a}$ 对应的坐标成比例,记为 $\frac{b_1}{a_1}=\frac{b_2}{a_2}=\frac{b_3}{a_3}=k$.

由此可得以下共线条件:

命题 3 设非零向量 $\boldsymbol{a}=(a_1,a_2,a_3)$, $\boldsymbol{b}=(b_1,b_2,b_3)$,则

$$\boldsymbol{b}/\!/\boldsymbol{a}\ (\text{共线})\Leftrightarrow \frac{b_1}{a_1}=\frac{b_2}{a_2}=\frac{b_3}{a_3}$$

注意: 上式中,若 a_1,a_2,a_3 有一个为零,如当 $a_1=0$, $a_2,a_3\neq 0$ 时,上式应理解为 $\frac{b_1}{a_1}=\frac{b_2}{a_2}=\frac{b_3}{a_3}\Leftrightarrow b_1=0$, $\frac{b_2}{a_2}=\frac{b_2}{a_3}$. 例如 $\frac{0}{0}=\frac{2}{6}=\frac{1}{3}$. 若 a_1,a_2,a_3 有两个

为零,例如 $a_1=a_2=0,\ a_3\neq 0$ 时,上式应理解为 $\frac{b_1}{a_1}=\frac{b_2}{a_2}=\frac{b_3}{a_3}\Leftrightarrow b_1=0,\ b_2=0$.

例如 $\frac{0}{0}=\frac{0}{0}=\frac{1}{3}$.

对于空间三点 $A(x_1,y_1,z_1)$,$B(x_2,y_2,z_2)$,$C(x,y,z)$,可写向量坐标为

$$\overrightarrow{AB}=(x_2-x_1,\ y_2-y_1,\ z_2-z_1),\ \overrightarrow{AC}=(x-x_1,\ y-y_1,\ z-z_1)$$

由此可得**三点共线**条件:

命题 4　三点 $A(x_1,y_1,z_1)$,$B(x_2,y_2,z_2)$,$C(x,y,z)$**共线**(C 在直线 AB 上)的充要条件是

$$\frac{x-x_1}{x_2-x_1}=\frac{y-y_1}{y_2-y_1}=\frac{z-z_1}{z_2-z_1}$$

这也叫作**直线 AB 的两点式方程**.

例 1.2.4　判断三点 $A(1,0,1)$,$B(2,1,3)$,$C(3,2,5)$是否共线.

解　因为 $\overrightarrow{AB}=(2-1,1-0,\ 3-1)=(1,\ 1,\ 2)$, $\overrightarrow{AC}=(2,\ 2,\ 4)$,且 $\frac{2}{1}=\frac{2}{1}=\frac{4}{2}$,可知三点共线.

例 1.2.5　设向量 $\boldsymbol{a}=(1,\ 2,\ 3)$,$\boldsymbol{b}=(1,\ 1,\ 2)$,$\boldsymbol{c}=(1,\ 3,\ 4)$,判断 $\boldsymbol{a}$,$\boldsymbol{b}$ 是否共线;$\boldsymbol{a}$,$\boldsymbol{b}$,$\boldsymbol{c}$ 是否共面?

解　因为 $\frac{1}{1}\neq\frac{2}{1}\neq\frac{3}{2}$,则 $\boldsymbol{a}$,$\boldsymbol{b}$ 不共线($\boldsymbol{a}\nparallel\boldsymbol{b}$).

再设 $\boldsymbol{c}=x\boldsymbol{a}+y\boldsymbol{b}$,可解得 $\boldsymbol{c}=2\boldsymbol{a}-\boldsymbol{b}$,可知 $\boldsymbol{c}$ 在 $\boldsymbol{a}$,$\boldsymbol{b}$ 确定的平面上,即 $\boldsymbol{a}$,$\boldsymbol{b}$,$\boldsymbol{c}$ 是共面的.

定理 3　设 O 为固定点,则点 P 在直线 AB 上(共线)的充要条件是存在数 k,l 使得

$$\overrightarrow{OP}=k\overrightarrow{OA}+l\overrightarrow{OB},\quad 且\ k+l=1$$

即点 P 在直线 AB 上的充要条件是存在数 k 使 $\overrightarrow{OP}=k\overrightarrow{OA}+(1-k)\overrightarrow{OB}$,见图 1-20.

证　由定比分点公式 $\overrightarrow{OP}=\frac{\overrightarrow{OA}+\lambda\overrightarrow{OB}}{1+\lambda}$,令 $k=\frac{1}{1+\lambda}$,$l=\frac{\lambda}{1+\lambda}$,即得必要性.

充分性容易从上节共线定理推出.

* **定理 4**　三向量 $\boldsymbol{a}=(a_1,\ a_2,\ a_3)$,$\boldsymbol{b}=(b_1,\ b_2,\ b_3)$,$\boldsymbol{c}=(c_1,\ c_2,\ c_3)$共面的充要条件是行列式

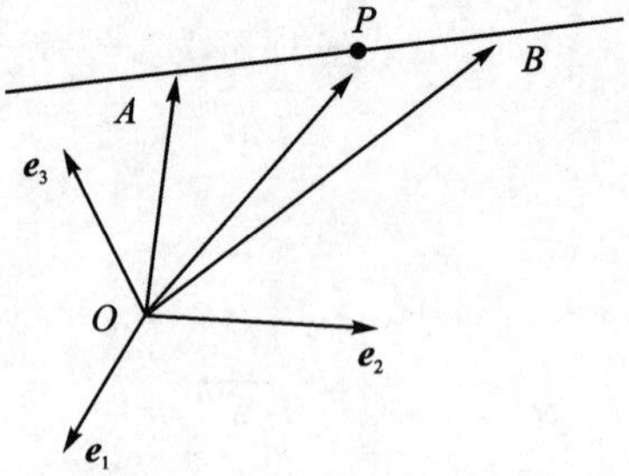

图 1-20

$$\begin{vmatrix} a_1 & a_2 & a_3 \\ b_1 & b_2 & b_3 \\ c_1 & c_2 & c_3 \end{vmatrix} = \begin{vmatrix} a_1 & b_1 & c_1 \\ a_2 & b_2 & c_2 \\ a_3 & b_3 & c_3 \end{vmatrix} = 0$$

其中,$\{O,\boldsymbol{e}_1,\boldsymbol{e}_2,\boldsymbol{e}_3\}$是仿射标架.

证 由上节共面定理(**推论 5**)知,向量 $\boldsymbol{a}$, $\boldsymbol{b}$, $\boldsymbol{c}$ 共面的充要条件是存在不全为 0 的数 x, y, z 使得 $x\boldsymbol{a}+y\boldsymbol{b}+z\boldsymbol{c}=\boldsymbol{0}$. 代入向量坐标化简可得

$$a_1x+b_1y+c_1z=0$$

$$a_2x+b_2y+c_2z=0$$

$$a_3x+b_3y+c_3z=0$$

由线性方程组理论及行列式性质可得

$$\begin{vmatrix} a_1 & b_1 & c_1 \\ a_2 & b_2 & c_2 \\ a_3 & b_3 & c_3 \end{vmatrix} = \begin{vmatrix} a_1 & a_2 & a_3 \\ b_1 & b_2 & b_3 \\ c_1 & c_2 & c_3 \end{vmatrix} = 0$$

由于四点 A,B,C,P 共面,当且仅当向量 $\overrightarrow{AP},\overrightarrow{AB},\overrightarrow{AC}$ 共面,可得如下结论.

* **定理 5** 空间$\{O,\boldsymbol{e}_1,\boldsymbol{e}_2,\boldsymbol{e}_3\}$中四点 $A(x_1,y_1,z_1)$,$B(x_2,y_2,z_2)$,$C(x_3,y_3,z_3)$及 $P(x,y,z)$共面的充要条件是

$$\begin{vmatrix} x-x_1 & y-y_1 & z-z_1 \\ x_2-x_1 & y_2-y_1 & z_2-z_1 \\ x_3-x_1 & y_3-y_1 & z_3-z_1 \end{vmatrix} = 0$$

习题 1.2

1. 在直角标架$\{O,\boldsymbol{e}_1,\boldsymbol{e}_2,\boldsymbol{e}_3\}$中,画出点 $P(2,2,1)$, $Q(1,-1,2)$的位置.

2. 在$\square ABCD$中，求点A,B,C,D在标架$\{A,\ \overrightarrow{AB},\overrightarrow{AD}\}$中的坐标.

3. 已知向量$\boldsymbol{a}=(1,\ 2,\ 3)$，$\boldsymbol{b}=(1,\ 1,\ 2)$，$\boldsymbol{c}=(1,\ 1,\ 1)$，求$\boldsymbol{a}+2\boldsymbol{b}-\boldsymbol{c}$的坐标.

4. 已知两点$M_1(0,1,2)$和$M_2(1,-1,0)$，试用坐标表示向量$\overrightarrow{M_1M_2}$及$-2\overrightarrow{M_1M_2}$.

5. 在直角坐标系中指出下列各点所在的卦限：$A(1,-2,3)$，$B(2,3,-4)$，$C(2,-3,-4)$.

6. 在坐标面上的点的坐标有何特征？指出点$A(0,4,3)$，$B(3,4,0)$的位置.

7. 在直角坐标系中求点$P(a,\ b,\ c)$关于：(1)各坐标面；(2)坐标原点的对称点的坐标.

8. 判定点$A(0,1,1)$，$B(1,3,2)$，$C(2,5,3)$是否共线，若共线写出$\overrightarrow{AB}$，$\overrightarrow{AC}$的关系式.

9. 设$\boldsymbol{a}=(2,\ 2,\ 1)$，$\boldsymbol{b}=(1,\ 2,\ 2)$，$\boldsymbol{c}=(3,\ 4,\ 3)$，判断$\boldsymbol{a},\boldsymbol{b}$是否共线；$\boldsymbol{a},\boldsymbol{b},\boldsymbol{c}$是否共面？

10. 已知线段AB被点$C(2,0,2)$和$D(5,-2,0)$三等分，求端点A,B的坐标.

*11. 用斜坐标系证明三角形三中线交于一点(重心)，且顶点到重心的距离是重心与对边中点距离的 2 倍.

1.3　向量的内积

1. 内积的定义与性质

首先规定两个向量$\boldsymbol{a},\boldsymbol{b}$的夹角$\angle(\boldsymbol{a},\ \boldsymbol{b})=\theta$范围是$0\leqslant\theta\leqslant\pi$，如图 1-21 所示.

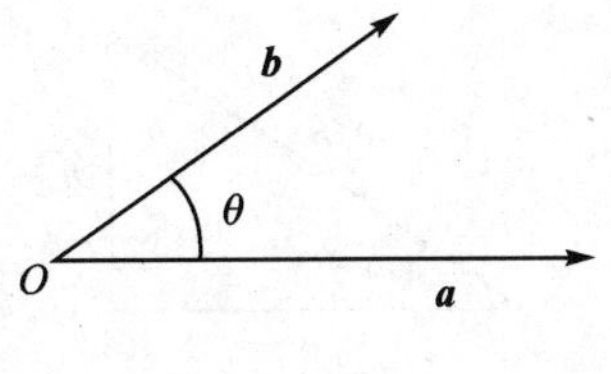

图 1-21

定义 1　两个向量$\boldsymbol{a}$，$\boldsymbol{b}$夹角θ的余弦与它们的模$|\boldsymbol{a}|$，$|\boldsymbol{b}|$的乘积叫作向量$\boldsymbol{a}$

与 $\boldsymbol{b}$ 的内积，记作

$$\boldsymbol{a}\cdot\boldsymbol{b}=|\boldsymbol{a}|\,|\boldsymbol{b}|\cos\theta$$

内积 $\boldsymbol{a}\cdot\boldsymbol{b}$ 又叫"点积"或"数量积".

例如，设物体在常力 $\boldsymbol{b}$ 作用下沿直线从点 O 移到点 A，从而产生位移 $\boldsymbol{a}=\overrightarrow{OA}$. 由物理学知，力 $\boldsymbol{b}$ 所做的功为 $W=|\boldsymbol{a}|\,|\boldsymbol{b}|\cos\theta=\boldsymbol{a}\cdot\boldsymbol{b}$，$\theta$ 为 $\boldsymbol{b}$ 与 $\boldsymbol{a}$ 的夹角.

注意： 内积 $\boldsymbol{a}\cdot\boldsymbol{b}$ 是一个数量而不是向量. 对于零向量 $\boldsymbol{0}$ 有

$$\boldsymbol{a}\cdot\boldsymbol{0}=\boldsymbol{0}\cdot\boldsymbol{a}=0$$

特别地，

$$\boldsymbol{a}\cdot\boldsymbol{a}=|\boldsymbol{a}|^2\cos 0=|\boldsymbol{a}|^2$$

为方便可引入平方记号 $\boldsymbol{a}^2$，即

$$\boldsymbol{a}^2=\boldsymbol{a}\cdot\boldsymbol{a}=|\boldsymbol{a}|^2,\ \text{且}\ |\boldsymbol{a}|=\sqrt{\boldsymbol{a}^2}=\sqrt{\boldsymbol{a}\cdot\boldsymbol{a}}$$

显然，若 $\boldsymbol{a}$，$\boldsymbol{b}$ 互相垂直（正交），则有 $\boldsymbol{a}\cdot\boldsymbol{b}=0\left(\text{因为}\cos\dfrac{\pi}{2}=0\right)$. 由此可得如下正交或垂直条件：

定理 1（正交条件） $\boldsymbol{a}\perp\boldsymbol{b}\Leftrightarrow\boldsymbol{a}\cdot\boldsymbol{b}=0$.

证 由内积定义，显然可知结论成立.

内积运算有下列法则：

(1) 交换律：$\boldsymbol{a}\cdot\boldsymbol{b}=\boldsymbol{b}\cdot\boldsymbol{a}$；

(2) 倍数结合律：$(\lambda\boldsymbol{a})\cdot\boldsymbol{b}=\boldsymbol{a}\cdot(\lambda\boldsymbol{b})=\lambda(\boldsymbol{a}\cdot\boldsymbol{b})$；

(3) 分配律：$\boldsymbol{a}\cdot(\boldsymbol{b}+\boldsymbol{c})=\boldsymbol{a}\cdot\boldsymbol{b}+\boldsymbol{a}\cdot\boldsymbol{c}$.

其中，(1)显然成立，(2)也容易由内积定义与数乘定义推出. 在证明法则(3)之前，引入以下引理.

引理 1 若 $\boldsymbol{a}\perp\boldsymbol{b}$，则 $\boldsymbol{a}\cdot(k\boldsymbol{a}+\boldsymbol{b})=k\boldsymbol{a}^2$，$k$ 为实数.

证 如图 1-22 所示，$\overrightarrow{OA}=\boldsymbol{a}$，$\overrightarrow{AB}=\boldsymbol{b}$，$\overrightarrow{OB}=\boldsymbol{a}+\boldsymbol{b}$，$\boldsymbol{a}\perp\boldsymbol{b}$.

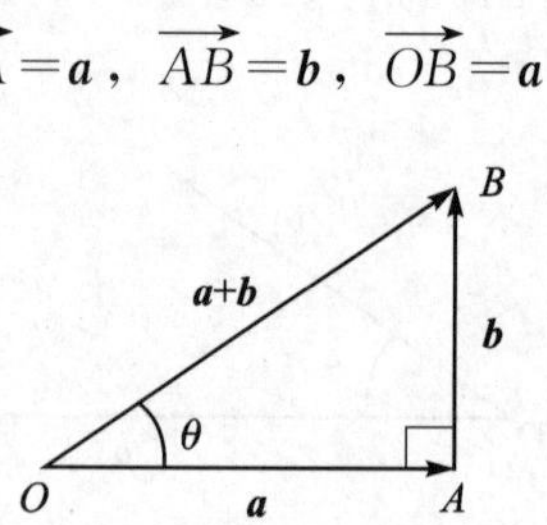

图 1-22

在 Rt△OAB 中，有 $|\boldsymbol{a}+\boldsymbol{b}|\cos\theta=|\boldsymbol{a}|$，可知

$$\boldsymbol{a}\cdot(\boldsymbol{a}+\boldsymbol{b})=|\boldsymbol{a}||\boldsymbol{a}+\boldsymbol{b}|\cos\theta=|\boldsymbol{a}|^2=\boldsymbol{a}^2$$

即 $\boldsymbol{a}\cdot(\boldsymbol{a}+\boldsymbol{b})=\boldsymbol{a}^2$ 成立.

在 $\boldsymbol{a}\cdot(\boldsymbol{a}+\boldsymbol{b})=\boldsymbol{a}^2$ 中，用 $k\boldsymbol{a}$ 代替 $\boldsymbol{a}$，可知 $k\boldsymbol{a}\cdot(k\boldsymbol{a}+\boldsymbol{b})=k^2\boldsymbol{a}^2$ 成立.

若数 $k\neq0$，化简上式可得 $\boldsymbol{a}\cdot(k\boldsymbol{a}+\boldsymbol{b})=k\boldsymbol{a}^2$. 若 $k=0$，显然有 $\boldsymbol{a}\cdot(0\boldsymbol{a}+\boldsymbol{b})=\boldsymbol{a}\cdot\boldsymbol{b}=0=0\boldsymbol{a}^2$，故 $\boldsymbol{a}\cdot(k\boldsymbol{a}+\boldsymbol{b})=k\boldsymbol{a}^2$ 对任一实数 k 成立.

引理 1 也可写成：若 $\boldsymbol{a}\perp\boldsymbol{b}$，则 $(k\boldsymbol{a}+\boldsymbol{b})\cdot\boldsymbol{a}=k\boldsymbol{a}^2$.

引理 2　设 $\boldsymbol{a}\neq\boldsymbol{0}$，则任一向量 $\boldsymbol{b}$ 有**正交分解** $\boldsymbol{b}=k\boldsymbol{a}+\boldsymbol{b}'$，$\boldsymbol{b}'\perp\boldsymbol{a}$.

证　如图 1-23 所示，把 $\boldsymbol{a}$，$\boldsymbol{b}$ 平移到同一起点 O，经过 $\boldsymbol{b}$ 的终点 B 作 $BP\perp\boldsymbol{a}$（$\boldsymbol{a}$ 所在的直线），垂足是 P，由共线定理可知 $\overrightarrow{OP}=k\boldsymbol{a}$；令 $\overrightarrow{PB}=\boldsymbol{b}'$，则 $\boldsymbol{b}=\overrightarrow{OB}=k\boldsymbol{a}+\boldsymbol{b}'$，$\boldsymbol{b}'\perp\boldsymbol{a}$.

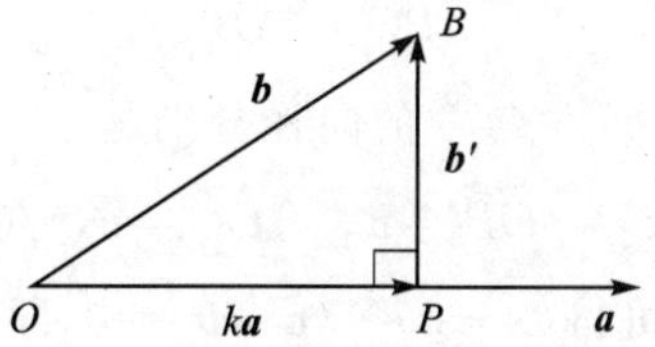

图 1-23

分配律(3)的证明如下.

证　由**引理 2** 可知，$\boldsymbol{b}=k\boldsymbol{a}+\boldsymbol{b}'$，$\boldsymbol{c}=\lambda\boldsymbol{a}+\boldsymbol{c}'$，且 $\boldsymbol{b}'\perp\boldsymbol{a}$，$\boldsymbol{c}'\perp\boldsymbol{a}$，则有 $(\boldsymbol{b}'+\boldsymbol{c}')\perp\boldsymbol{a}$，且 $\boldsymbol{b}+\boldsymbol{c}=(k+\lambda)\boldsymbol{a}+(\boldsymbol{b}'+\boldsymbol{c}')$. 利用**引理 1** 可得

$$\boldsymbol{a}\cdot\boldsymbol{b}=\boldsymbol{a}\cdot(k\boldsymbol{a}+\boldsymbol{b}')=k\boldsymbol{a}^2$$

$$\boldsymbol{a}\cdot\boldsymbol{c}=\boldsymbol{a}\cdot(\lambda\boldsymbol{a}+\boldsymbol{c}')=\lambda\boldsymbol{a}^2$$

$$\boldsymbol{a}\cdot(\boldsymbol{b}+\boldsymbol{c})=\boldsymbol{a}\cdot[(k+\lambda)\boldsymbol{a}+(\boldsymbol{b}'+\boldsymbol{c}')]=(k+\lambda)\boldsymbol{a}^2$$

由此三式右边可知，$\boldsymbol{a}\cdot(\boldsymbol{b}+\boldsymbol{c})=\boldsymbol{a}\cdot\boldsymbol{b}+\boldsymbol{a}\cdot\boldsymbol{c}$，同时也有 $(\boldsymbol{b}+\boldsymbol{c})\cdot\boldsymbol{a}=\boldsymbol{b}\cdot\boldsymbol{a}+\boldsymbol{c}\cdot\boldsymbol{a}$.

内积的分配律、交换律及结合律可以用来方便地处理一些几何问题，简化相关的计算与证明. 为方便计算，给出以下内积**补充公式**：

(1) 利用平方记号 $\boldsymbol{a}^2=\boldsymbol{a}\cdot\boldsymbol{a}=|\boldsymbol{a}|^2$ 可写出如下公式：

$$(\boldsymbol{a}\pm\boldsymbol{b})^2=\boldsymbol{a}^2+\boldsymbol{b}^2\pm2\boldsymbol{a}\cdot\boldsymbol{b},\quad(\boldsymbol{a}+\boldsymbol{b})\cdot(\boldsymbol{a}-\boldsymbol{b})=\boldsymbol{a}^2-\boldsymbol{b}^2$$

(2) **勾股定理**：若 $\boldsymbol{a}\perp\boldsymbol{b}$，则

$$|\boldsymbol{a}\pm\boldsymbol{b}|^2=|\boldsymbol{a}|^2+|\boldsymbol{b}|^2$$

且有

$$|k\boldsymbol{a}+\lambda\boldsymbol{b}|^2=|k\boldsymbol{a}|^2+|\lambda\boldsymbol{b}|^2,\qquad \lambda,k\text{ 为实数}$$

(3) 由内积定义$\boldsymbol{a}\cdot\boldsymbol{b}=|\boldsymbol{a}||\boldsymbol{b}|\cos\theta$，$\angle(\boldsymbol{a},\boldsymbol{b})=\theta$，可得**夹角公式**为

$$\cos\theta=\frac{\boldsymbol{a}\cdot\boldsymbol{b}}{|\boldsymbol{a}||\boldsymbol{b}|},\quad 0\leqslant\theta\leqslant\pi$$

例如，若向量内积 $\boldsymbol{a}\cdot\boldsymbol{b}=-2$，且模$|\boldsymbol{a}|=|\boldsymbol{b}|=2$，则有 $\cos\theta=\frac{\boldsymbol{a}\cdot\boldsymbol{b}}{|\boldsymbol{a}||\boldsymbol{b}|}=-\frac{1}{2}$，可知夹角 $\theta=\frac{2\pi}{3}$.

(4) 设 $\boldsymbol{a}$, $\boldsymbol{b}$, $\boldsymbol{c}$, $\boldsymbol{x}$ 为任意 4 个向量，容易验证

$$(\boldsymbol{x}-\boldsymbol{a})\cdot(\boldsymbol{b}-\boldsymbol{c})+(\boldsymbol{x}-\boldsymbol{b})\cdot(\boldsymbol{c}-\boldsymbol{a})+(\boldsymbol{x}-\boldsymbol{c})\cdot(\boldsymbol{a}-\boldsymbol{b})=0$$

此公式的几何含义是：若空间四点 A,B,C,P 满足 $PA\perp BC$, $PB\perp CA$，则

$$PC\perp AB$$

因为，可设 A,B,C,P 对空间一点 O 的向径分别是

$$\overrightarrow{OA}=\boldsymbol{a},\quad \overrightarrow{OB}=\boldsymbol{b},\quad \overrightarrow{OC}=\boldsymbol{c},\quad \overrightarrow{OP}=\boldsymbol{x}$$

由上述公式及正交条件 1，可得$(\boldsymbol{x}-\boldsymbol{c})\cdot(\boldsymbol{a}-\boldsymbol{b})=0$，即 $PC\perp AB$.

由此也可得结论：**三角形的三条高线交于一点.**

例 1.3.1 证明：菱形 $ABCD$ 的对角线互相垂直($AC\perp DB$)，如图 1-24 所示.

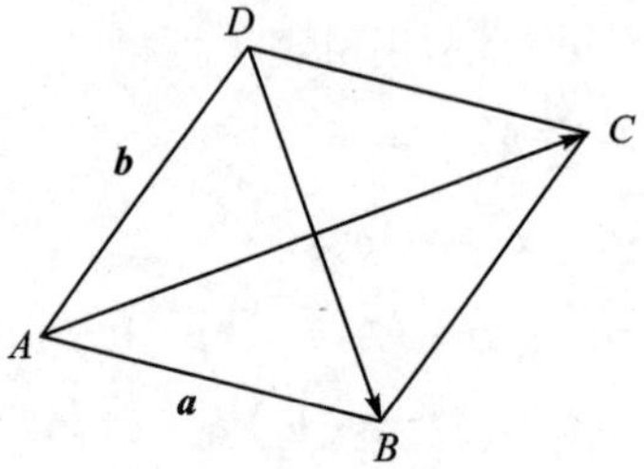

图 1-24

证 记菱形两条邻边向量为 $\overrightarrow{AB}=\boldsymbol{a}$, $\overrightarrow{AD}=\boldsymbol{b}$, $|\boldsymbol{a}|=|\boldsymbol{b}|$，则有对角线向量

$$\overrightarrow{AC}=\boldsymbol{a}+\boldsymbol{b},\quad \overrightarrow{DB}=\boldsymbol{a}-\boldsymbol{b}$$

由内积公式可得

$$\overrightarrow{AC}\cdot\overrightarrow{DB}=(\boldsymbol{a}+\boldsymbol{b})\cdot(\boldsymbol{a}-\boldsymbol{b})=\boldsymbol{a}^2-\boldsymbol{b}^2=|\boldsymbol{a}|^2-|\boldsymbol{b}|^2=0$$

故 $AC\perp DB$.

例 1.3.2　证明：直径上的圆周角是直角.

证　如图 1-25 所示，要证 $AD \perp DB$，其中 AB 是直径，O 是圆心，D 是圆周上任一点. 设向量 $\overrightarrow{AO}=\overrightarrow{OB}=\boldsymbol{a}$，$\overrightarrow{OD}=\boldsymbol{b}$，可知

$$\overrightarrow{AD}=\overrightarrow{AO}+\overrightarrow{OD}=\boldsymbol{a}+\boldsymbol{b},\quad \overrightarrow{DB}=\boldsymbol{a}-\boldsymbol{b}$$

计算可知

$$\overrightarrow{AD}\cdot\overrightarrow{DB}=(\boldsymbol{a}+\boldsymbol{b})\cdot(\boldsymbol{a}-\boldsymbol{b})=\boldsymbol{a}^2-\boldsymbol{b}^2=|\boldsymbol{a}|^2-|\boldsymbol{b}|^2=0$$

即 $AD \perp DB$.

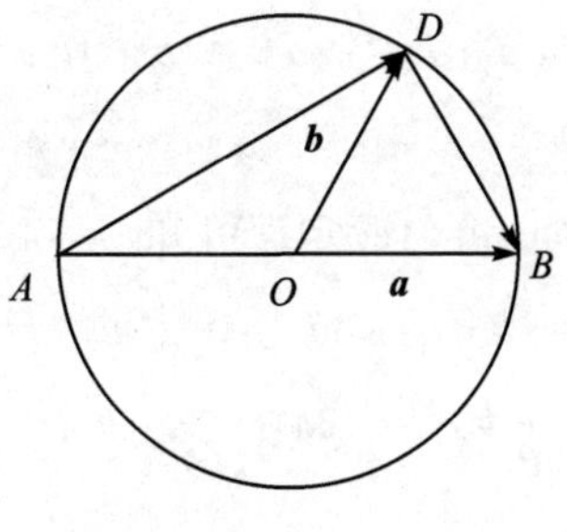

图 1-25

例 1.3.3　证明：如果一条直线垂直于一个平面内两条相交直线，则它垂直于这个平面内的任一直线，如图 1-26 所示.

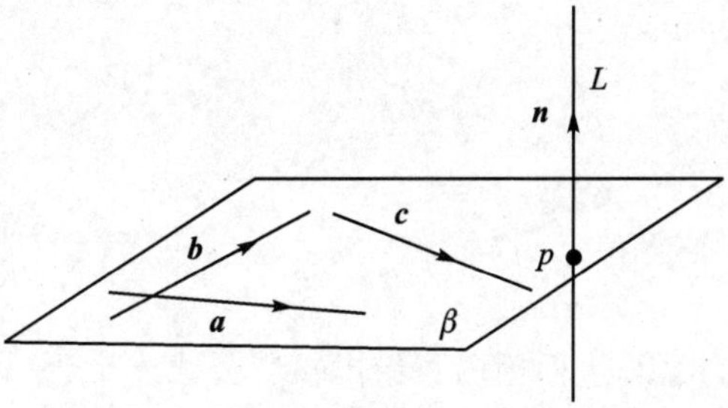

图 1-26

证　平面 β 内 2 条相交直线上的非零向量分别记作 $\boldsymbol{a}$，$\boldsymbol{b}$，已知直线 $L\perp \boldsymbol{a}$，且 $L\perp \boldsymbol{b}$，要证平面 β 内任一直线 $p\perp L$，分别取直线 L，p 上的非零向量 $\boldsymbol{n}$，$\boldsymbol{c}$，据条件有 $\boldsymbol{n}\perp\boldsymbol{a}$，$\boldsymbol{n}\perp\boldsymbol{b}$，$\boldsymbol{a}$，$\boldsymbol{b}$，$\boldsymbol{c}$ 共面且 $\boldsymbol{a}\nparallel\boldsymbol{b}$，由共面定理知

$$\boldsymbol{c}=x\boldsymbol{a}+y\boldsymbol{b}$$

于是

$$\boldsymbol{n}\cdot\boldsymbol{c}=\boldsymbol{n}\cdot(x\boldsymbol{a}+y\boldsymbol{b})=x\boldsymbol{n}\cdot\boldsymbol{a}+y\boldsymbol{n}\cdot\boldsymbol{b}=0$$

故 $\boldsymbol{n}\perp\boldsymbol{c}$，结论成立.

例 1.3.4 证明:平行四边形两条对角线的平方和等于四边的平方和.

证 记平行四边形相邻两边的向量为 $\boldsymbol{a}$, $\boldsymbol{b}$,2 条对角线向量分别为 $\boldsymbol{a}+\boldsymbol{b}$, $\boldsymbol{a}-\boldsymbol{b}$,由内积公式知

$$(\boldsymbol{a}+\boldsymbol{b})^2=\boldsymbol{a}^2+\boldsymbol{b}^2+2\boldsymbol{a}\cdot\boldsymbol{b},\quad (\boldsymbol{a}-\boldsymbol{b})^2=\boldsymbol{a}^2+\boldsymbol{b}^2-2\boldsymbol{a}\cdot\boldsymbol{b}$$

两公式相加可得

$$(\boldsymbol{a}+\boldsymbol{b})^2+(\boldsymbol{a}-\boldsymbol{b})^2=2\boldsymbol{a}^2+2\boldsymbol{b}^2$$

即结论成立.

例 1.3.5 已知非零向量 $\boldsymbol{a}\perp\boldsymbol{b}$,且 $|\boldsymbol{a}|=|\boldsymbol{b}|$,设 $\boldsymbol{c}=3\boldsymbol{a}-\boldsymbol{b}$, $\boldsymbol{d}=2\boldsymbol{a}+\boldsymbol{b}$,求夹角 $\angle(\boldsymbol{c},\boldsymbol{d})=\theta$.

解 由 $\boldsymbol{a}\perp\boldsymbol{b}$ 及 $|\boldsymbol{a}|=|\boldsymbol{b}|$,由**勾股定理**可知

$$\boldsymbol{c}^2=(3\boldsymbol{a}-\boldsymbol{b})^2=|3\boldsymbol{a}|^2+|\boldsymbol{b}|^2=10|\boldsymbol{b}|^2$$

$$\boldsymbol{d}^2=(2\boldsymbol{a}+\boldsymbol{b})^2=|2\boldsymbol{a}|^2+|\boldsymbol{b}|^2=5|\boldsymbol{b}|^2$$

且

$$\boldsymbol{c}\cdot\boldsymbol{d}=(3\boldsymbol{a}-\boldsymbol{b})\cdot(2\boldsymbol{a}+\boldsymbol{b})=6\boldsymbol{a}^2-\boldsymbol{b}^2=5|\boldsymbol{b}|^2$$

于是

$$\cos\theta=\frac{\boldsymbol{c}\cdot\boldsymbol{d}}{|\boldsymbol{c}||\boldsymbol{d}|}=\frac{1}{\sqrt{2}}$$

故有 $\angle(\boldsymbol{c},\boldsymbol{d})=\theta=\dfrac{\pi}{4}$.

2. 向量的投影

下面引入向量的投影,进而用内积给出投影公式.

设 2 个非零向量 $\boldsymbol{a}$, $\boldsymbol{b}$,起点为 O, 过 $\boldsymbol{a}=\overrightarrow{OA}$ 的终点 A 作平面与 $\boldsymbol{b}$ 垂直,且与 $\boldsymbol{b}$ 所在直线(v 轴)交于 P 点,如图 1-27 所示,则向量 $\overrightarrow{OP}$ 叫作向量 $\boldsymbol{a}$ 在向量 $\boldsymbol{b}$ 上的**投影向量**.

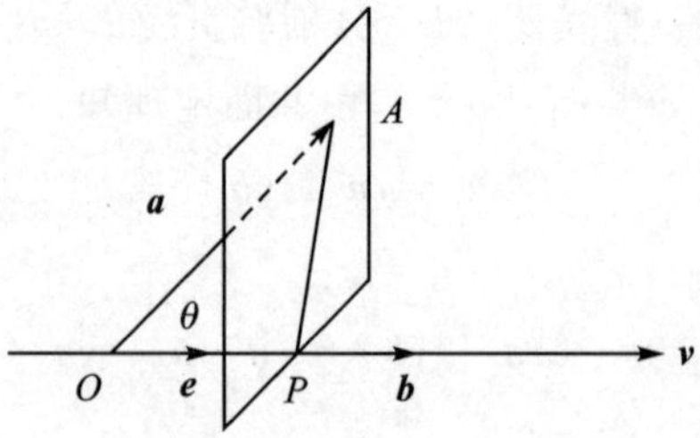

图 1-27

令 $\boldsymbol{e}=\boldsymbol{b}^{0}=\dfrac{\boldsymbol{b}}{|\boldsymbol{b}|}$ 是 $\boldsymbol{b}$ 方向的单位向量. 据**共线定理**,**有唯一实数** x 使

$$\overrightarrow{OP}=x\boldsymbol{e}$$

数 x 叫作向量 $\boldsymbol{a}$ 在向量 $\boldsymbol{b}$ 上的**投影数量**,简称**投影**,记作 $\mathrm{Prj}_{b}\boldsymbol{a}=x$,简记 $(\boldsymbol{a})_{b}=x$.

注意:这里的**投影** $(\boldsymbol{a})_{b}=x$ 是一个**数**. 它与**投影向量** $\overrightarrow{OP}$ 的关系为

$$\overrightarrow{OP}=(\boldsymbol{a})_{b}\boldsymbol{e}=x\boldsymbol{e}$$

其中,$\boldsymbol{e}=\boldsymbol{b}^{0}=\dfrac{\boldsymbol{b}}{|\boldsymbol{b}|}$ 为单位向量.

如图 1-27 所示,当 $\boldsymbol{b}\neq 0$ 时,$\boldsymbol{a}$ 在 $\boldsymbol{b}$ 上的**投影**为

$$(\boldsymbol{a})_{b}=|\boldsymbol{a}|\cos\theta \quad 或 \quad \mathrm{Prj}_{b}\boldsymbol{a}=|\boldsymbol{a}|\cos\theta$$

由此可得如下结论:

定理 1(投影定理)　向量 $\boldsymbol{a}$ 在 v 轴上的投影等于向量的模乘以它们夹角的余弦,即

$$\mathrm{Prj}_{v}\boldsymbol{a}=|\boldsymbol{a}|\cos\theta$$

其中,θ 为向量 $\boldsymbol{a}$ 与 v 轴的夹角.

由内积可知

$$\boldsymbol{a}\cdot\boldsymbol{b}=|\boldsymbol{a}|\cdot|\boldsymbol{b}|\cos\theta=|\boldsymbol{b}|(\boldsymbol{a})_{b}$$

于是可得**投影公式**

$$(\boldsymbol{a})_{b}=\mathrm{Prj}_{b}\boldsymbol{a}=\frac{\boldsymbol{a}\cdot\boldsymbol{b}}{|\boldsymbol{b}|}$$

同理,$\boldsymbol{b}$ 在 $\boldsymbol{a}$ 上的**投影为**

$$(\boldsymbol{b})_{a}=\mathrm{Prj}_{a}\boldsymbol{b}=\frac{\boldsymbol{a}\cdot\boldsymbol{b}}{|\boldsymbol{a}|}$$

特别地,$\boldsymbol{a}$ 在任一单位向量 $\boldsymbol{e}$ 上的**投影公式**为

$$(\boldsymbol{a})_{e}=\boldsymbol{a}\cdot\boldsymbol{e}$$

由此可知,在直角坐标系 $\{O,\boldsymbol{i},\boldsymbol{j},\boldsymbol{k}\}$ 中,任一向量 $\boldsymbol{a}=(x,\ y,\ z)=x\boldsymbol{i}+y\boldsymbol{j}+z\boldsymbol{k}$ 分别在 $\boldsymbol{i},\boldsymbol{j},\boldsymbol{k}$(三个坐标轴)的投影为

$$(\boldsymbol{a})_{i}=\boldsymbol{a}\cdot\boldsymbol{i}=x,\quad (\boldsymbol{a})_{j}=\boldsymbol{a}\cdot\boldsymbol{j}=y,\quad (\boldsymbol{a})_{k}=\boldsymbol{a}\cdot\boldsymbol{k}=z$$

其中,$x\boldsymbol{i}$, $y\boldsymbol{j}$, $z\boldsymbol{k}$ 是 $\boldsymbol{a}$ 沿三个坐标轴的**投影向量**.

向量的投影具有下列性质:

性质 1　$(\boldsymbol{a}+\boldsymbol{c})_{b}=(\boldsymbol{a})_{b}+(\boldsymbol{c})_{b}$;

性质 2　$(k\boldsymbol{a})_{\boldsymbol{b}}=k(\boldsymbol{a})_{\boldsymbol{b}}$.

证　由投影公式可知

$$(\boldsymbol{a}+\boldsymbol{c})_{\boldsymbol{b}}=\frac{(\boldsymbol{a}+\boldsymbol{c})\cdot\boldsymbol{b}}{|\boldsymbol{b}|}=\frac{\boldsymbol{a}\cdot\boldsymbol{b}+\boldsymbol{c}\cdot\boldsymbol{b}}{|\boldsymbol{b}|}$$

$$=\frac{\boldsymbol{a}\cdot\boldsymbol{b}}{|\boldsymbol{b}|}+\frac{\boldsymbol{c}\cdot\boldsymbol{b}}{|\boldsymbol{b}|}=(\boldsymbol{a})_{\boldsymbol{b}}+(\boldsymbol{c})_{\boldsymbol{b}}$$

$$(k\boldsymbol{a})_{\boldsymbol{b}}=\frac{(k\boldsymbol{a})\cdot\boldsymbol{b}}{|\boldsymbol{b}|}=\frac{k(\boldsymbol{a}\cdot\boldsymbol{b})}{|\boldsymbol{b}|}=k(\boldsymbol{a})_{\boldsymbol{b}}$$

注意：$\boldsymbol{a}$ 在 $\boldsymbol{b}$ 上投影的原始公式是$(\boldsymbol{a})_{\boldsymbol{b}}=|\boldsymbol{a}|\cos\theta$，$\theta$ 为 $\boldsymbol{a}$，$\boldsymbol{b}$ 的夹角. 通常情况下，利用公式$(\boldsymbol{a})_{\boldsymbol{b}}=\dfrac{\boldsymbol{a}\cdot\boldsymbol{b}}{|\boldsymbol{b}|}$计算投影会更方便.

3. 投影向量公式

由**引理 2**，设 $\boldsymbol{a}\neq\boldsymbol{0}$，则任一向量 $\boldsymbol{b}$ 有**正交分解** $\boldsymbol{b}=k\boldsymbol{a}+\boldsymbol{b}'$，$\boldsymbol{b}'\perp\boldsymbol{a}$，如图 1－28 所示，可知

$$\boldsymbol{b}\cdot\boldsymbol{a}=(k\boldsymbol{a}+\boldsymbol{b}')\cdot\boldsymbol{a}=k\boldsymbol{a}\cdot\boldsymbol{a}+\boldsymbol{b}'\cdot\boldsymbol{a}=k\boldsymbol{a}^2$$

于是

$$k=\frac{\boldsymbol{b}\cdot\boldsymbol{a}}{\boldsymbol{a}^2}$$

且有

$$\boldsymbol{b}'=\boldsymbol{b}-k\boldsymbol{a}=\boldsymbol{b}-\frac{\boldsymbol{b}\cdot\boldsymbol{a}}{\boldsymbol{a}^2}\boldsymbol{a}$$

即

$$\boldsymbol{b}'=\boldsymbol{b}-\frac{\boldsymbol{a}\cdot\boldsymbol{b}}{\boldsymbol{a}^2}\boldsymbol{a}$$

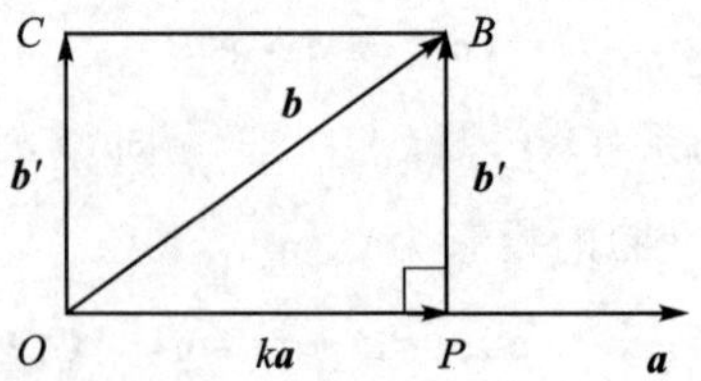

图 1－28

验证可知

$$\boldsymbol{b}'\cdot\boldsymbol{a}=\left(\boldsymbol{b}-\frac{\boldsymbol{b}\cdot\boldsymbol{a}}{\boldsymbol{a}^2}\boldsymbol{a}\right)\cdot\boldsymbol{a}=\boldsymbol{b}\cdot\boldsymbol{a}-\boldsymbol{b}\cdot\boldsymbol{a}=0$$

即 $\boldsymbol{b}'=\boldsymbol{b}-\frac{\boldsymbol{a}\cdot\boldsymbol{b}}{\boldsymbol{a}^2}\boldsymbol{a}$ 与向量 $\boldsymbol{a}\neq\boldsymbol{0}$ 正交. 故有正交化公式

$$\left[\boldsymbol{b}-\frac{(\boldsymbol{a}\cdot\boldsymbol{b})}{\boldsymbol{a}^2}\boldsymbol{a}\right]\perp\boldsymbol{a}$$

其中,$\boldsymbol{a}\neq\boldsymbol{0}$. 这是线性代数中正交化方法的几何背景.

又知,$\boldsymbol{b}$ 在 $\boldsymbol{a}$ 上的**投影数**是$(\boldsymbol{b})_a=\frac{\boldsymbol{a}\cdot\boldsymbol{b}}{|\boldsymbol{a}|}$,记单位向量 $\boldsymbol{a}^0=\frac{\boldsymbol{a}}{|\boldsymbol{a}|}$. 如图 1-28 所示,向量 $\overrightarrow{OP}=k\boldsymbol{a}$ 叫作 $\boldsymbol{b}$ 在 $\boldsymbol{a}$ 上的**投影向量**,记作 $P_a(\boldsymbol{b})=k\boldsymbol{a}$,计算可知

$$\boldsymbol{P}_a(\boldsymbol{b})=k\boldsymbol{a}=(\boldsymbol{b})_a\boldsymbol{a}^0=\frac{\boldsymbol{b}\cdot\boldsymbol{a}}{|\boldsymbol{a}|}\frac{\boldsymbol{a}}{|\boldsymbol{a}|}=\frac{\boldsymbol{b}\cdot\boldsymbol{a}}{\boldsymbol{a}^2}\boldsymbol{a}$$

可得 $\boldsymbol{b}$ 在 $\boldsymbol{a}$ 的**投影向量**公式为

$$\boldsymbol{P}_a(\boldsymbol{b})=\frac{(\boldsymbol{b}\cdot\boldsymbol{a})}{\boldsymbol{a}^2}\boldsymbol{a}$$

即若 $\boldsymbol{a}\neq 0$,则 $\boldsymbol{b}$ 在 $\boldsymbol{a}$ 上的**投影向量**为

$$\boldsymbol{P}_a(\boldsymbol{b})=k\boldsymbol{a}=\frac{\boldsymbol{a}\cdot\boldsymbol{b}}{|\boldsymbol{a}|^2}\boldsymbol{a}$$

因此,若 $\boldsymbol{a}\neq 0$,任一向量 $\boldsymbol{b}$ 有正交分解 $\boldsymbol{b}=P_a(\boldsymbol{b})+\boldsymbol{b}'$, $\boldsymbol{b}'\perp\boldsymbol{a}$.

通常可写分解 $\boldsymbol{b}=k\boldsymbol{a}+\boldsymbol{b}'$, $\boldsymbol{b}'\perp\boldsymbol{a}$, 其中 $k=\frac{\boldsymbol{b}\cdot\boldsymbol{a}}{\boldsymbol{a}^2}$.

4. 内积的坐标表示

在**直角标架**$\{O,\boldsymbol{i},\boldsymbol{j},\boldsymbol{k}\}$中,设向量 $\boldsymbol{a}=(a_1, a_2, a_3)$,$\boldsymbol{b}=(b_1, b_2, b_3)$,即

$$\boldsymbol{a}=a_1\boldsymbol{i}+a_2\boldsymbol{j}+a_3\boldsymbol{k},\quad \boldsymbol{b}=b_1\boldsymbol{i}+b_2\boldsymbol{j}+b_3\boldsymbol{k}$$

因为 $\boldsymbol{i}\cdot\boldsymbol{j}=\boldsymbol{j}\cdot\boldsymbol{k}=\boldsymbol{k}\cdot\boldsymbol{i}=0$,且 $\boldsymbol{i}^2=\boldsymbol{j}^2=\boldsymbol{k}^2=1$,由分配律化简可知

$$\boldsymbol{a}\cdot\boldsymbol{b}=(a_1\boldsymbol{i}+a_2\boldsymbol{j}+a_3\boldsymbol{k})\cdot(b_1\boldsymbol{i}+b_2\boldsymbol{j}+b_3\boldsymbol{k})=a_1b_1+a_2b_2+a_3b_3$$

由此可得正交标架(直角坐标系)中的**内积坐标公式**如下.

定理 2　正交标架下,设 $\boldsymbol{a}=(a_1, a_2, a_3)$, $\boldsymbol{b}=(b_1, b_2, b_3)$,则

$$\boldsymbol{a}\cdot\boldsymbol{b}=a_1b_1+a_2b_2+a_3b_3$$

由此可见,在直角坐标系中,内积坐标公式具有很简单的形式.

特别地,在直角坐标系中,有如下**正交条件**:

$$\boldsymbol{a}\perp\boldsymbol{b}\Leftrightarrow a_1b_1+a_2b_2+a_3b_3=0$$

例如 $\boldsymbol{a}=(1,2,2)$，$\boldsymbol{b}=(2,1,-2)$，可知 $\boldsymbol{a}\cdot\boldsymbol{b}=2+2-4=0\Rightarrow\boldsymbol{a}\perp\boldsymbol{b}$.

注意: $\boldsymbol{i}=(1,0,0)$，$\boldsymbol{j}=(0,1,0)$，$\boldsymbol{k}=(0,0,1)$. 可知

$$\boldsymbol{a}\cdot\boldsymbol{i}=a_1,\quad \boldsymbol{a}\cdot\boldsymbol{j}=a_2,\quad \boldsymbol{a}\cdot\boldsymbol{k}=a_3$$

推论 正交标架下，设 $\boldsymbol{a}=a_1\boldsymbol{i}+a_2\boldsymbol{j}+a_3\boldsymbol{k}$，则有系数公式

$$a_1=\boldsymbol{a}\cdot\boldsymbol{i},\quad a_2=\boldsymbol{a}\cdot\boldsymbol{j},\quad a_3=\boldsymbol{a}\cdot\boldsymbol{k}$$

即若 $\boldsymbol{a}=x\boldsymbol{i}+y\boldsymbol{j}+z\boldsymbol{k}$，则有 $x=\boldsymbol{a}\cdot\boldsymbol{i}$，$y=\boldsymbol{a}\cdot\boldsymbol{j}$，$z=\boldsymbol{a}\cdot\boldsymbol{k}$.

定理 3(模公式) 向量 $\boldsymbol{a}=(x,y,z)=x\boldsymbol{i}+y\boldsymbol{j}+z\boldsymbol{k}$ 的**模(长)**为

$$|\boldsymbol{a}|=\sqrt{x^2+y^2+z^2}\quad 且\quad \boldsymbol{a}^2=x^2+y^2+z^2$$

证 因为 $\boldsymbol{a}=(x,y,z)$，利用**定理 2** 可知

$$|\boldsymbol{a}|^2=\boldsymbol{a}^2=\boldsymbol{a}\cdot\boldsymbol{a}=x^2+y^2+z^2$$

即

$$|\boldsymbol{a}|=\sqrt{x^2+y^2+z^2}$$

又可知两点 $A(x_1,y_1,z_1)$，$B(x_2,y_2,z_2)$ 确定的向量 $\overrightarrow{AB}$ 是

$$\overrightarrow{\boldsymbol{AB}}=(x_2-x_1,y_2-y_1,z_2-z_1)$$

故有

$$|\overrightarrow{\boldsymbol{AB}}|^2=(x_2-x_1)^2+(y_2-y_1)^2+(z_2-z_1)^2$$

由此可得两点的**距离公式**.

距离公式: 直角坐标系中两点 $A(x_1,y_1,z_1)$，$B(x_2,y_2,z_2)$ 的**距离** d 满足

$$d=|\overrightarrow{AB}|=\sqrt{(x_2-x_1)^2+(y_2-y_1)^2+(z_2-z_1)^2}$$

定理 4 两个向量 $\boldsymbol{a}=(a_1,a_2,a_3)$，$\boldsymbol{b}=(b_1,b_2,b_3)$ 的**夹角** θ 满足

$$\cos\theta=\frac{\boldsymbol{a}\cdot\boldsymbol{b}}{|\boldsymbol{a}||\boldsymbol{b}|}=\frac{a_1b_1+a_2b_2+a_3b_3}{\sqrt{\boldsymbol{a}_1^2+\boldsymbol{a}_2^2+\boldsymbol{a}_3^2}\sqrt{\boldsymbol{b}_1^2+\boldsymbol{b}_2^2+\boldsymbol{b}_3^2}},\quad 0\leqslant\theta\leqslant\pi$$

且 $\boldsymbol{a}$ 在 $\boldsymbol{b}$ 上的**投影**为

$$(\boldsymbol{a})_{\boldsymbol{b}}=\frac{\boldsymbol{a}\cdot\boldsymbol{b}}{|\boldsymbol{b}|}=\frac{a_1b_1+a_2b_2+a_3b_3}{\sqrt{\boldsymbol{b}_1^2+\boldsymbol{b}_2^2+\boldsymbol{b}_3^2}}$$

例 1.3.6 求 $\boldsymbol{a}=(1,-1,4)$，$\boldsymbol{b}=(2,1,2)$ 的夹角 θ，并求 $\boldsymbol{a}$ 在 $\boldsymbol{b}$ 上的投影.

解 已知 $\boldsymbol{a}\cdot\boldsymbol{b}=9$，$|\boldsymbol{a}|=\sqrt{18}=3\sqrt{2}$，$|\boldsymbol{b}|=3$，于是

$$\cos\theta=\frac{\boldsymbol{a}\cdot\boldsymbol{b}}{|\boldsymbol{a}||\boldsymbol{b}|}=\frac{1}{\sqrt{2}}$$

即 $\theta=\frac{\pi}{4}$.

$\boldsymbol{a}$ 在 $\boldsymbol{b}$ 上的投影为

$$(\boldsymbol{a})_b=\frac{\boldsymbol{a}\cdot\boldsymbol{b}}{|\boldsymbol{b}|}=3$$

定义　直角标架$\{O,\boldsymbol{i},\boldsymbol{j},\boldsymbol{k}\}$中，非零向量 $\boldsymbol{a}$ 与 $\boldsymbol{i},\boldsymbol{j},\boldsymbol{k}$ 之间的夹角 α, β, γ 称为向量 $\boldsymbol{a}$ 的**方向角**，方向角的余弦叫作 $\boldsymbol{a}$ 的**方向余弦**，如图 1 - 29 所示.

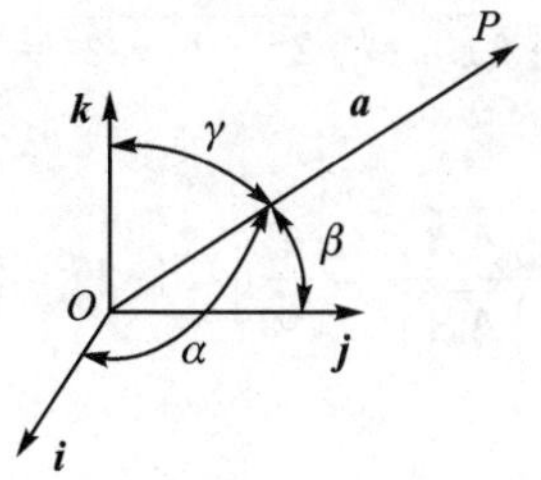

图 1 - 29

定理 5　向量 $\boldsymbol{a}=(x,y,z)$的**方向余弦**为

$$\cos\alpha=\frac{x}{|\boldsymbol{a}|},\quad \cos\beta=\frac{y}{|\boldsymbol{a}|},\quad \cos\gamma=\frac{z}{|\boldsymbol{a}|}$$

且

$$\cos^2\alpha+\cos^2\beta+\cos^2\gamma=1$$

其中，α, β, γ 分别为向量 $\boldsymbol{a}$ 与三条坐标轴或 $\boldsymbol{i},\boldsymbol{j},\boldsymbol{k}$ 的夹角. 如图 1 - 29 所示，向量 $\boldsymbol{a}=\overrightarrow{OP}$ 的坐标为 $\boldsymbol{a}=(x,y,z)=x\boldsymbol{i}+y\boldsymbol{j}+z\boldsymbol{k}$.

证　因 $\boldsymbol{a}=x\boldsymbol{i}+y\boldsymbol{j}+z\boldsymbol{k}$，可知

$$x=\boldsymbol{a}\cdot\boldsymbol{i}=|\boldsymbol{a}|\cos\alpha,\quad y=\boldsymbol{a}\cdot\boldsymbol{j}=|\boldsymbol{a}|\cos\beta,\quad z=\boldsymbol{a}\cdot\boldsymbol{k}=|\boldsymbol{a}|\cos\gamma$$

于是

$$\cos\alpha=\frac{x}{|\boldsymbol{a}|},\quad \cos\beta=\frac{y}{|\boldsymbol{a}|},\quad \cos\gamma=\frac{z}{|\boldsymbol{a}|}$$

且有

$$\cos^2\alpha+\cos^2\beta+\cos^2\gamma=\frac{x^2+y^2+z^2}{|\boldsymbol{a}|^2}=1$$

故结论成立.

特别地，$\boldsymbol{a}=(x,y,z)$的同方向单位向量是

$$\boldsymbol{a}^0=\frac{\boldsymbol{a}}{|\boldsymbol{a}|}=\left(\frac{x}{|\boldsymbol{a}|},\frac{y}{|\boldsymbol{a}|},\frac{z}{|\boldsymbol{a}|}\right)=(\cos\alpha,\cos\beta,\cos\gamma)$$

且有

$$\boldsymbol{a}=|\boldsymbol{a}|\boldsymbol{a}^0=|\boldsymbol{a}|(\cos\alpha,\cos\beta,\cos\gamma)=(x,y,z)$$

例 1.3.7 设两点 $A(2,1,-1)$ 和 $B(4,2,1)$，求 $\overrightarrow{AB}$ 方向的单位向量 $\boldsymbol{e}$ 及方向余弦.

解 因为 $\overrightarrow{AB}=(4-2,2-1,1+1)=(2,1,2)$，所以

$$|\overrightarrow{AB}|=\sqrt{2^2+1^2+2^2}=3$$

由单位化公式得

$$\boldsymbol{e}=\overrightarrow{AB}^0=\frac{\overrightarrow{AB}}{|\overrightarrow{AB}|}=\frac{1}{3}(2,1,2)=\left(\frac{2}{3},\frac{1}{3},\frac{2}{3}\right)$$

可得方向余弦为

$$\cos\alpha=\frac{2}{3},\quad \cos\beta=\frac{1}{3},\quad \cos\gamma=\frac{2}{3}$$

例 1.3.8 在 z 轴上求与两点 $A(2,1,-1)$ 和 $B(3,4,1)$ 等距离的点.

解 因所求的点 M 在 z 轴上，可设该点为 $\boldsymbol{M}(0,0,z)$，依题意有

$$|MA|=|MB|$$

即

$$\sqrt{(0-2)^2+(0-1)^2+(z+1)^2}=\sqrt{(3-0)^2+(4-0)^2+(1-z)^2}$$

两边去根号，解得 $z=5$，所求的点为 $\boldsymbol{M}(0,0,5)$.

例 1.3.9 已知 $M_1(2,2,\sqrt{2})$ 和 $M_2(1,3,0)$，求向量 $\overrightarrow{M_1M_2}$ 的模、方向余弦和方向角.

解 由 $\overrightarrow{M_1M_2}=(1-2,3-2,0-\sqrt{2})=(-1,1,-\sqrt{2})$，可知模为

$$|\overrightarrow{M_1M_2}|=\sqrt{1^2+1^2+2}=2$$

且有

$$\cos\alpha=-\frac{1}{2},\quad \cos\beta=\frac{1}{2},\quad \cos\gamma=-\frac{\sqrt{2}}{2}$$

得 $\alpha=\frac{2\pi}{3},\quad \beta=\frac{\pi}{3},\quad \gamma=\frac{3\pi}{4}$.

例 1.3.9 如图 1-30 所示，立方体的一条对角线为 OP，一条棱为 OA，且 $|OA|=1$. 求 $\overrightarrow{OA}$ 在 $\overrightarrow{OP}$ 上的投影 $(\overrightarrow{OA})_{\overrightarrow{OP}}$，并求 $\overrightarrow{OM}$ 与 $\overrightarrow{AP}$ 的夹角 θ.

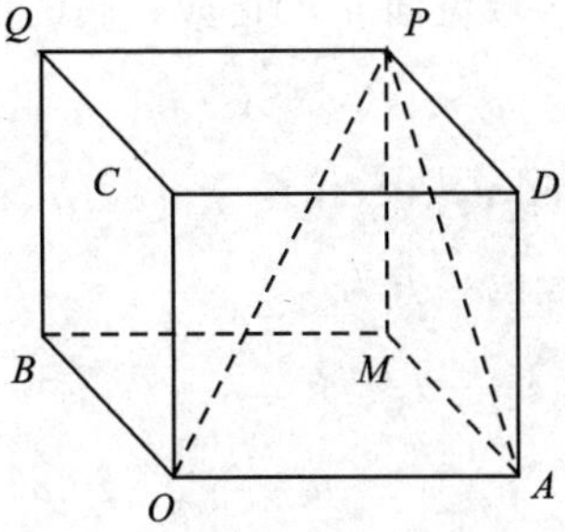

图 1－30

解　如图 1－30 所示，建立直角标架$\{O,\overrightarrow{OA},\overrightarrow{OB},\overrightarrow{OC}\}$，可知

$$\overrightarrow{OA}=(1,0,0),\ \overrightarrow{OB}=(0,1,0),\ \overrightarrow{OC}=(0,0,1)$$

$$\overrightarrow{OP}=(1,1,1),\ \overrightarrow{OM}=(1,1,0),\ \overrightarrow{AP}=(1,1,1)-(1,0,0)=(0,1,1)$$

且

$$|\overrightarrow{OP}|=\sqrt{3},\ |\overrightarrow{AP}|=\sqrt{2}=|\overrightarrow{OM}|,\ \overrightarrow{OA}\cdot\overrightarrow{OP}=1,\ \overrightarrow{OM}\cdot\overrightarrow{AP}=1$$

则投影$(\overrightarrow{OA})_{\overrightarrow{OP}}=\dfrac{(\overrightarrow{OA})\cdot\overrightarrow{OP}}{|\overrightarrow{OP}|}=\dfrac{1}{\sqrt{3}}$，$\cos\theta=\dfrac{\overrightarrow{OM}\cdot\overrightarrow{AP}}{|\overrightarrow{OM}\|\overrightarrow{AP}|}=\dfrac{1}{2}$，即$\theta=\dfrac{\pi}{3}$.

例 1.3.10　设液体流过平面 π 上面积为 S 的一个区域，液体在该区域上各点处的流速均为(常向量)$\boldsymbol{v}$，设 $\boldsymbol{n}$ 为垂直于平面 π 的单位法向量，如图 1－31 所示. 计算单位时间内经过区域 S 流向 $\boldsymbol{n}$ 所指一侧的液体的质量 P(液体的密度为 ρ).

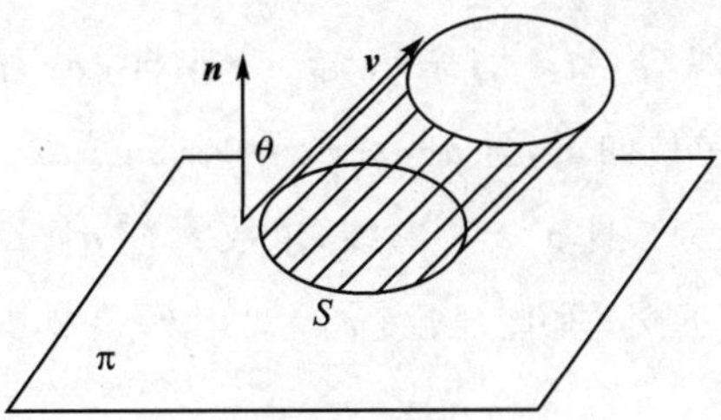

图 1－31

解　如图 1－31 所示，单位时间内流过区域 S 的液体组成一个底面积为 S，斜高为$|\boldsymbol{v}|$的斜柱体. 令向量 $\boldsymbol{v}$ 与 $\boldsymbol{n}$ 的夹角为 θ，柱体的高就是 $\boldsymbol{v}$ 在 $\boldsymbol{n}$ 上的投影，有

$$(\boldsymbol{v})_n=|\boldsymbol{v}|\cos\theta=\boldsymbol{v}\cdot\boldsymbol{n}$$

柱体的体积为

$$W=S(\boldsymbol{v}\cdot\boldsymbol{n})$$

从而,单位时间内经过这个区域流向 $\boldsymbol{n}$ 所指向一侧的液体的质量为

$$P=\rho S\boldsymbol{v}\cdot\boldsymbol{n}$$

注: 在仿射标架 $\{O,\boldsymbol{e}_1,\boldsymbol{e}_2,\boldsymbol{e}_3\}$ 中,设向量 $\boldsymbol{a}=(a_1,a_2,a_3)$,即 $\boldsymbol{a}=a_1\boldsymbol{e}_1+a_2\boldsymbol{e}_2+a_3\boldsymbol{e}_3$,根据内积规则,它的长度的平方为

$$|\boldsymbol{a}|^2=\boldsymbol{a}^2=(a_1\boldsymbol{e}_1+a_2\boldsymbol{e}_2+a_3\boldsymbol{e}_3)^2$$

$$=a_1^2\boldsymbol{e}_1^2+a_2^2\boldsymbol{e}_2^2+a_3^2\boldsymbol{e}_3^2+2a_1a_2\boldsymbol{e}_1\cdot\boldsymbol{e}_2+2a_1a_3\boldsymbol{e}_1\cdot\boldsymbol{e}_3+2a_2a_3\boldsymbol{e}_2\cdot\boldsymbol{e}_3$$

它的值取决于基向量 $\{\boldsymbol{e}_1,\boldsymbol{e}_2,\boldsymbol{e}_3\}$ 之间的内积. 由此可知,在仿射标架中,向量长度与内积的计算公式是很麻烦的. 因此,在用坐标法研究几何问题时,应当根据具体问题选择合适的标架. 若处理的问题与距离、长度、角度、体积等度量性质有关,则应选取直角标架;若处理的问题仅仅与线性运算有关(如平行、共线、共点及共面等),可以选取仿射标架(斜标架).

习题 1.3

1. 已知三点 $A(1,1,1)$,$B(2,2,1)$,$C(2,1,2)$,求夹角 $\angle ABC$.

2. 设 $|\boldsymbol{a}|=\sqrt{3}$,$|\boldsymbol{b}|=1$,$\boldsymbol{a},\boldsymbol{b}$ 的夹角为 $\pi/6$,求 $\boldsymbol{a}\cdot\boldsymbol{b}$,计算 $\boldsymbol{a}+\boldsymbol{b}$ 与 $\boldsymbol{a}-\boldsymbol{b}$ 的夹角.

3. 设 $\boldsymbol{a}=\boldsymbol{i}-2\boldsymbol{j}+2\boldsymbol{k}$,$\boldsymbol{b}=2\boldsymbol{i}+2\boldsymbol{j}+\boldsymbol{k}$,求(1) $\boldsymbol{a}\cdot\boldsymbol{b}$;(2) $\boldsymbol{a}$ 与 $\boldsymbol{b}$ 的夹角.

4. 设 $\boldsymbol{a}=3\boldsymbol{i}-\boldsymbol{j}-2\boldsymbol{k}$,$\boldsymbol{b}=\boldsymbol{i}+2\boldsymbol{j}-\boldsymbol{k}$,求 $\boldsymbol{a}\cdot\boldsymbol{b}$ 与 $|\boldsymbol{a}-\boldsymbol{b}|$.

5. 设 $\boldsymbol{a},\boldsymbol{b},\boldsymbol{c}$ 都是单位向量,且 $\boldsymbol{a}+\boldsymbol{b}+\boldsymbol{c}=0$,求 $\boldsymbol{a}\cdot\boldsymbol{b}+\boldsymbol{b}\cdot\boldsymbol{c}+\boldsymbol{c}\cdot\boldsymbol{a}$.

6. 设 $|\boldsymbol{a}|=3$,$|\boldsymbol{b}|=2$,且 $\boldsymbol{a},\boldsymbol{b}$ 不共线,求数 t,使 $\boldsymbol{a}+t\boldsymbol{b}$ 与 $\boldsymbol{a}-t\boldsymbol{b}$ 垂直.

7. 设 $\boldsymbol{a},\boldsymbol{b},\boldsymbol{c}$ 互相正交(垂直),且 $|\boldsymbol{a}|=1$,$|\boldsymbol{b}|=2$,$|\boldsymbol{c}|=2$,求 $\boldsymbol{a}+\boldsymbol{b}+\boldsymbol{c}$ 的模长.

8. 设非零向量 $\boldsymbol{a},\boldsymbol{b},\boldsymbol{c}$ 互相垂直,且 $\boldsymbol{d}=x\boldsymbol{a}+y\boldsymbol{b}+z\boldsymbol{c}$,证明:系数 x,y,z 分别为 $x=\dfrac{\boldsymbol{d}\cdot\boldsymbol{a}}{\boldsymbol{a}^2}$,$y=\dfrac{\boldsymbol{d}\cdot\boldsymbol{b}}{\boldsymbol{b}^2}$,$z=\dfrac{\boldsymbol{d}\cdot\boldsymbol{c}}{\boldsymbol{c}^2}$.

9. 设 $\boldsymbol{a},\boldsymbol{b},\boldsymbol{c}$ 等长,且互相垂直,证明:$\boldsymbol{a}+\boldsymbol{b}+\boldsymbol{c}$ 与 $\boldsymbol{a},\boldsymbol{b},\boldsymbol{c}$ 所夹的角相等.

10. 求平行于向量 $\boldsymbol{a}=(1,2,-2)$ 的单位向量.

11. 证明:三点 $A(4,1,9)$,$B(10,-1,6)$,$C(2,4,3)$ 是等腰直角三角形的顶点.

12. 自点 $P(a,b,c)$ 分别作各坐标面和各坐标轴的垂线，写出各垂足的坐标. 求点 P 到各坐标轴的距离.

13. 设两点 $M_1(4,\sqrt{2},1)$ 和 $M_2(3,0,2)$，计算向量 $\overrightarrow{M_1M_2}$ 的模、方向余弦和方向角.

14. 设向量 $\overrightarrow{AB}$ 在 x 轴、y 轴和 z 轴上的投影依次为 4，-4 和 7，且终点为 $B(2,-1,7)$，求 $\overrightarrow{AB}$ 的坐标与点 A 的坐标.

15. 三角形的顶点是 $A(3,2,-1)$，$B(5,-4,7)$ 和 $C(-1,1,2)$，求从顶点 C 所引中线的长度.

16. 设向量 $\boldsymbol{a}$ 的模是 4，它与轴 u 的夹角是 $60°$，求 $\boldsymbol{a}$ 在轴 u 上的投影.

17. 求 $\boldsymbol{a}=(4,-3,4)$ 在向量 $\boldsymbol{b}=(2,2,1)$ 上的投影.

18. 设 $\boldsymbol{a}=(3,5,-2)$，$\boldsymbol{b}=(2,1,4)$，求数 λ 与 t 的关系，使 $\lambda\boldsymbol{a}+t\boldsymbol{b}$ 与 z 轴垂直.

19. 证明：(1) $(\boldsymbol{a}+\boldsymbol{b})\cdot(\boldsymbol{a}-\boldsymbol{b})=\boldsymbol{a}^2-\boldsymbol{b}^2$. (2) $(\boldsymbol{x}-\boldsymbol{a})\cdot(\boldsymbol{b}-\boldsymbol{c})+(\boldsymbol{x}-\boldsymbol{b})\cdot(\boldsymbol{c}-\boldsymbol{a})+(\boldsymbol{x}-\boldsymbol{c})\cdot(\boldsymbol{a}-\boldsymbol{b})=0$

20. 利用向量内积证明：(1) 如果平行四边形的对角线互相垂直，则平行四边形是菱形. (2) 菱形的对角线互相垂直.

21. 证明：向量 $\boldsymbol{a}$ 与 $(\boldsymbol{a}\cdot\boldsymbol{c})\boldsymbol{b}-(\boldsymbol{a}\cdot\boldsymbol{b})\boldsymbol{c}$ 垂直.

22. 化简 $|\boldsymbol{a}+\boldsymbol{b}|^2+|\boldsymbol{a}-\boldsymbol{b}|^2$，由此证明平行四边形对角线的平方和等于各边的平方和.

23. 设 $\boldsymbol{a}\neq 0$，$\boldsymbol{b}=\lambda\boldsymbol{a}+\boldsymbol{b}^*$，$\boldsymbol{a}\perp\boldsymbol{b}^*$，证明：$\lambda=\dfrac{(\boldsymbol{a}\cdot\boldsymbol{b})}{\boldsymbol{a}^2}$，$\boldsymbol{b}^*=\boldsymbol{b}-\dfrac{(\boldsymbol{a}\cdot\boldsymbol{b})}{\boldsymbol{a}^2}\boldsymbol{a}$.

24. 设 $\boldsymbol{a}\neq\boldsymbol{0}$，证明：$\boldsymbol{a}\perp\left[\boldsymbol{b}-\dfrac{(\boldsymbol{a}\cdot\boldsymbol{b})\boldsymbol{a}}{\boldsymbol{a}^2}\right]$，$\left[\boldsymbol{b}-\dfrac{(\boldsymbol{a}\cdot\boldsymbol{b})\boldsymbol{a}}{\boldsymbol{a}^2}\right]^2=\boldsymbol{b}^2-\dfrac{(\boldsymbol{a}\cdot\boldsymbol{b})^2}{\boldsymbol{a}^2}$，且有**柯西不等式** $(\boldsymbol{a}\cdot\boldsymbol{b})^2\leqslant\boldsymbol{a}^2\boldsymbol{b}^2$，即 $|\boldsymbol{a}\cdot\boldsymbol{b}|\leqslant|\boldsymbol{a}\|\boldsymbol{b}|$（且仅当 $\boldsymbol{b}=\lambda\boldsymbol{a}$ 等号成立）.

25. 设 $(\boldsymbol{a}+3\boldsymbol{b})\perp(7\boldsymbol{a}-5\boldsymbol{b})$，$(\boldsymbol{a}-4\boldsymbol{b})\perp(7\boldsymbol{a}-2\boldsymbol{b})$，求 $\boldsymbol{a}$，$\boldsymbol{b}$ 的夹角.

1.4　向量的外积

给定三个不共面的向量 $\boldsymbol{a}$，$\boldsymbol{b}$，$\boldsymbol{c}$，将它们移动到同一起点，这时 $\boldsymbol{a}$，$\boldsymbol{b}$ 决定一个平面，该平面将空间分为两部分（两侧）. 当右手的四指以小于 π 角从 $\boldsymbol{a}$ 弯向 $\boldsymbol{b}$ 时，如果拇指的方向与 $\boldsymbol{c}$ 的方向在平面的同一侧，则称有序组 $\{\boldsymbol{a},\boldsymbol{b},\boldsymbol{c}\}$ 构成**右手系**，如

图 1 - 32 所示，否则称为**左手系**. 易知，若$\{\boldsymbol{a},\boldsymbol{b},\boldsymbol{c}\}$是**右手系**，则$\{\boldsymbol{b},\boldsymbol{c},\boldsymbol{a}\}$，$\{\boldsymbol{c},\boldsymbol{a},\boldsymbol{b}\}$都是**右手系**，而$\{\boldsymbol{a},\boldsymbol{c},\boldsymbol{b}\}$，$\{\boldsymbol{b},\boldsymbol{a},\boldsymbol{c}\}$，$\{\boldsymbol{c},\boldsymbol{b},\boldsymbol{a}\}$都是**左手系**.

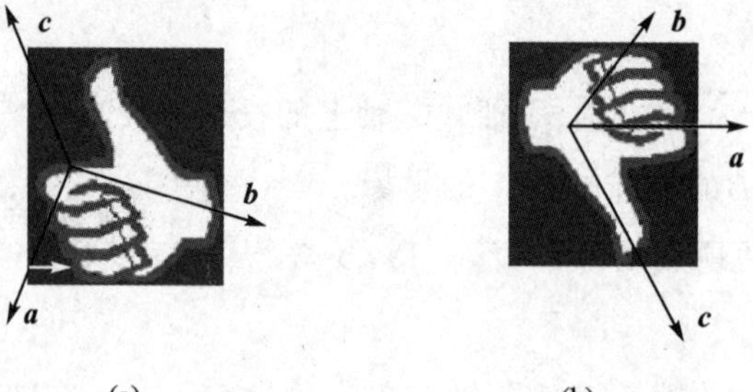

图 1 - 32

根据右手规则，由两个已知向量可以确定第三个向量. 下面就用右手规则来定义向量的外积 $\boldsymbol{a}\times\boldsymbol{b}$，如图 1 - 33 所示.

定义 向量 $\boldsymbol{a}$ 与 $\boldsymbol{b}$ 的**外积** $\boldsymbol{a}\times\boldsymbol{b}$ 是一个向量，它的模长是

$$|\boldsymbol{a}\times\boldsymbol{b}|=|\boldsymbol{a}||\boldsymbol{b}|\sin\theta,\quad \theta=\angle(\boldsymbol{a},\boldsymbol{b})$$

它的方向与 $\boldsymbol{a}$，$\boldsymbol{b}$ 都正交，并且按次序$\{\boldsymbol{a},\boldsymbol{b},\boldsymbol{a}\times\boldsymbol{b}\}$构成**右手系**.

通常，**外积** $\boldsymbol{a}\times\boldsymbol{b}$ 又叫作**叉积**，**或向量积**.

特别地，外积的模等于以 $\boldsymbol{a}$，$\boldsymbol{b}$ 为邻边的平行四边形面积，即

$$|\boldsymbol{a}\times\boldsymbol{b}|=\text{以 }\boldsymbol{a},\boldsymbol{b}\text{ 为邻边的平行四边形面积}$$

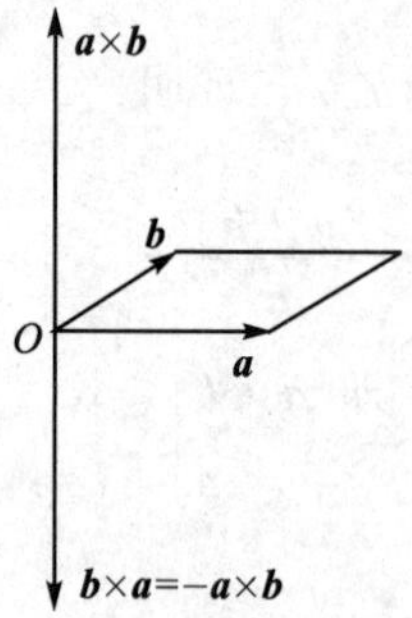

图 1 - 33

显然有 $\boldsymbol{a}\times\boldsymbol{0}=\boldsymbol{0}\times\boldsymbol{a}=\boldsymbol{0}$.

外积有如下性质：

(1) $\boldsymbol{a}\times\boldsymbol{a}=\boldsymbol{0}$.

因为夹角 $\theta=0$，则模 $|\boldsymbol{a}\times\boldsymbol{a}|=|\boldsymbol{a}|^2\sin 0=0$.

(2) $\boldsymbol{a}/\!/\boldsymbol{b} \Leftrightarrow \boldsymbol{a}\times\boldsymbol{b}=\boldsymbol{0}$.

因为如果 $\boldsymbol{a}\times\boldsymbol{b}=\boldsymbol{0}$，且 $|\boldsymbol{a}|\neq 0$，$|\boldsymbol{b}|\neq 0$，故必有 $\sin\theta=0$，于是 $\theta=0$ 或 π，即 $\boldsymbol{a}/\!/\boldsymbol{b}$；反之 $\boldsymbol{a}/\!/\boldsymbol{b}$，则 $\theta=0$ 或 π，$\sin\theta=0$，从而 $|\boldsymbol{a}\times\boldsymbol{b}|=0$，$\boldsymbol{a}\times\boldsymbol{b}=\boldsymbol{0}$.

特别地，零向量与任何向量平行($\boldsymbol{0}/\!/\boldsymbol{b}$)且有 $\boldsymbol{0}\times\boldsymbol{b}=\boldsymbol{0}$.

注意： 因为$(\boldsymbol{a}\times\boldsymbol{b})\perp\boldsymbol{a}$，$(\boldsymbol{a}\times\boldsymbol{b})\perp\boldsymbol{b}$，可知

$$(\boldsymbol{a}\times\boldsymbol{b})\cdot\boldsymbol{a}=0,\quad (\boldsymbol{a}\times\boldsymbol{b})\cdot\boldsymbol{b}=0$$

外积具有下列运算法则(见图 1－33)：

(1) $\boldsymbol{b}\times\boldsymbol{a}=-\boldsymbol{a}\times\boldsymbol{b}$(反交换律)；

(2) $(\lambda\boldsymbol{a})\times\boldsymbol{b}=\boldsymbol{a}\times(\lambda\boldsymbol{b})=\lambda(\boldsymbol{a}\times\boldsymbol{b})$.

由(2)可知，$(\lambda\boldsymbol{a})\times(k\boldsymbol{b})=\lambda k(\boldsymbol{a}\times\boldsymbol{b})$，$\lambda, k$ 为实数.

定理 1　外积具有**分配律**(证明见本节末附注)

$$(\boldsymbol{b}+\boldsymbol{c})\times\boldsymbol{a}=\boldsymbol{b}\times\boldsymbol{a}+\boldsymbol{c}\times\boldsymbol{a},\quad \boldsymbol{a}\times(\boldsymbol{b}+\boldsymbol{c})=\boldsymbol{a}\times\boldsymbol{b}+\boldsymbol{a}\times\boldsymbol{c}$$

例 1.4.1　证明：$(\boldsymbol{a}-\boldsymbol{b})\times(\boldsymbol{a}+\boldsymbol{b})=2(\boldsymbol{a}\times\boldsymbol{b})$，说明它的几何意义.

证　由外积分配律可得

$$(\boldsymbol{a}-\boldsymbol{b})\times(\boldsymbol{a}+\boldsymbol{b})=\boldsymbol{a}\times\boldsymbol{a}+\boldsymbol{a}\times\boldsymbol{b}-\boldsymbol{b}\times\boldsymbol{a}-\boldsymbol{b}\times\boldsymbol{b}=2(\boldsymbol{a}\times\boldsymbol{b})$$

几何意义是：**平行四边形面积的 2 倍等于以它的对角线为邻边的平行四边形面积.**

下面建立外积的直角坐标公式.

取右手正交标架$\{O,\boldsymbol{i},\boldsymbol{j},\boldsymbol{k}\}$，如图 1－34 所示. 因为 $|\boldsymbol{i}|=|\boldsymbol{j}|=|\boldsymbol{k}|=1$ 且 $\boldsymbol{i}\perp\boldsymbol{j}\perp\boldsymbol{k}$，$\{\boldsymbol{i},\boldsymbol{j},\boldsymbol{k}\}$为右手系，可知

$$\boldsymbol{i}\times\boldsymbol{j}=\boldsymbol{k},\quad \boldsymbol{j}\times\boldsymbol{k}=\boldsymbol{i},\quad \boldsymbol{k}\times\boldsymbol{i}=\boldsymbol{j}$$

$$\boldsymbol{j}\times\boldsymbol{i}=-\boldsymbol{k},\quad \boldsymbol{k}\times\boldsymbol{j}=-\boldsymbol{i},\quad \boldsymbol{i}\times\boldsymbol{k}=-\boldsymbol{j}$$

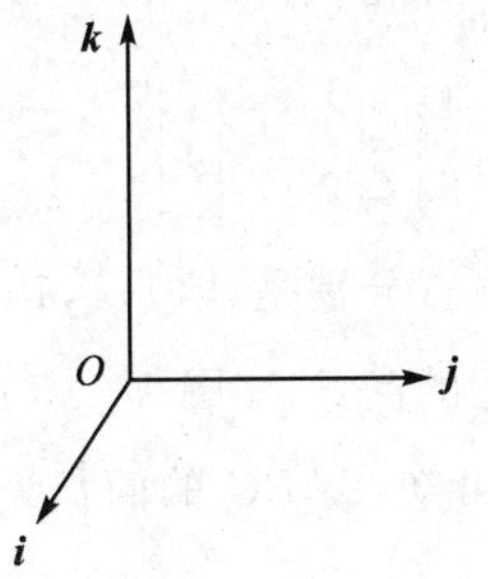

图 1－34

而且

$$\boldsymbol{i}\times\boldsymbol{i}=\boldsymbol{j}\times\boldsymbol{j}=\boldsymbol{k}\times\boldsymbol{k}=0$$

设向量 $\boldsymbol{a}=(a_1,a_2,a_3)$，$\boldsymbol{b}=(b_1,b_2,b_3)$，即

$$\boldsymbol{a}=a_1\boldsymbol{i}+a_2\boldsymbol{j}+a_3\boldsymbol{k},\quad \boldsymbol{b}=b_1\boldsymbol{i}+b_2\boldsymbol{j}+b_3\boldsymbol{k}$$

由此可得右手正交标架中外积**坐标公式**如下.

定理 1 设 $\boldsymbol{a}=(a_1,a_2,a_3)$，$\boldsymbol{b}=(b_1,b_2,b_3)$，则

$$\boldsymbol{a}\times\boldsymbol{b}=\left(\begin{vmatrix}a_2 & a_3\\ b_2 & b_3\end{vmatrix},\begin{vmatrix}a_3 & a_1\\ b_3 & b_1\end{vmatrix},\begin{vmatrix}a_1 & a_2\\ b_1 & b_2\end{vmatrix}\right)$$

因为 $\boldsymbol{a}=a_1\boldsymbol{i}+a_2\boldsymbol{j}+a_3\boldsymbol{k}$，$\boldsymbol{b}=b_1\boldsymbol{i}+b_2\boldsymbol{j}+b_3\boldsymbol{k}$，$\boldsymbol{i}\times\boldsymbol{i}=\boldsymbol{j}\times\boldsymbol{j}=\boldsymbol{k}\times\boldsymbol{k}=0$，$\boldsymbol{i}\times\boldsymbol{j}=\boldsymbol{k}$，$\boldsymbol{j}\times\boldsymbol{k}=\boldsymbol{i}$，$\boldsymbol{k}\times\boldsymbol{i}=\boldsymbol{j}$，$\boldsymbol{j}\times\boldsymbol{i}=-\boldsymbol{k}$，$\boldsymbol{k}\times\boldsymbol{j}=-\boldsymbol{i}$，$\boldsymbol{i}\times\boldsymbol{k}=-\boldsymbol{j}$，由分配律化简可得

$$\begin{aligned}\boldsymbol{a}\times\boldsymbol{b}&=(a_1\boldsymbol{i}+a_2\boldsymbol{j}+a_3\boldsymbol{k})\times(b_1\boldsymbol{i}+b_2\boldsymbol{j}+b_3\boldsymbol{k})\\&=(a_2b_3-a_3b_2)\boldsymbol{i}+(a_3b_1-a_1b_3)\boldsymbol{j}+(a_1b_2-a_2b_1)\boldsymbol{k}\end{aligned}$$

利用行列式记号，上式可简记为

$$\boldsymbol{a}\times\boldsymbol{b}=\left(\begin{vmatrix}a_2 & a_3\\ b_2 & b_3\end{vmatrix},\begin{vmatrix}a_3 & a_1\\ b_3 & b_1\end{vmatrix},\begin{vmatrix}a_1 & a_2\\ b_1 & b_2\end{vmatrix}\right)$$

为方便，上式也可用 3 阶行列式写成

$$\boldsymbol{a}\times\boldsymbol{b}=\begin{vmatrix}\boldsymbol{i} & \boldsymbol{j} & \boldsymbol{k}\\ a_1 & a_2 & a_3\\ b_1 & b_2 & b_3\end{vmatrix}=\begin{vmatrix}a_2 & a_3\\ b_2 & b_3\end{vmatrix}\boldsymbol{i}+\begin{vmatrix}a_3 & a_1\\ b_3 & b_1\end{vmatrix}\boldsymbol{j}+\begin{vmatrix}a_1 & a_2\\ b_1 & b_2\end{vmatrix}\boldsymbol{k}$$

例 1.4.2 设 $\boldsymbol{a}=(2,2,1)$，$\boldsymbol{b}=(1,2,2)$，计算 $\boldsymbol{a}\times\boldsymbol{b}$.

解
$$\boldsymbol{a}\times\boldsymbol{b}=\begin{vmatrix}\boldsymbol{i} & \boldsymbol{j} & \boldsymbol{k}\\ 2 & 2 & 1\\ 1 & 2 & 2\end{vmatrix}=2\boldsymbol{i}-3\boldsymbol{j}+2\boldsymbol{k}=(2,-3,2)$$

或
$$\boldsymbol{a}\times\boldsymbol{b}=\left(\begin{vmatrix}2 & 1\\ 2 & 2\end{vmatrix},\begin{vmatrix}1 & 2\\ 2 & 1\end{vmatrix},\begin{vmatrix}2 & 2\\ 1 & 2\end{vmatrix}\right)=(2,-3,2)$$

例 1.4.3 已知△ABC 顶点分别是 $A(1,1,1)$，$B(3,3,2)$，$C(2,3,3)$，求三角形 ABC 的面积，并求 AB 边上的高 d，如图 1-35 所示.

解 根据向量积的定义，可知△ABC 的面积为

$$S_{\triangle ABC}=\frac{1}{2}|\overrightarrow{AB}||\overrightarrow{AC}|\sin\angle A=\frac{1}{2}|\overrightarrow{AB}\times\overrightarrow{AC}|$$

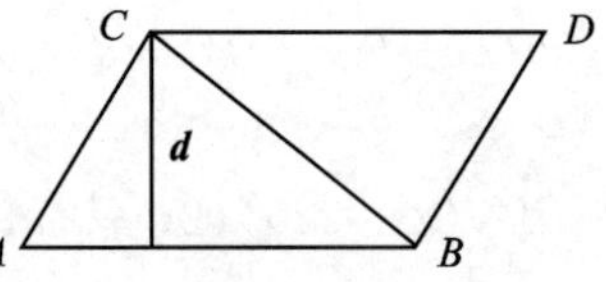

图 1－35

由于 $\overrightarrow{AB}=(2,2,1)$，$\overrightarrow{AC}=(1,2,2)$，因此

$$\overrightarrow{AB}\times\overrightarrow{AC}=2\boldsymbol{i}-3\boldsymbol{j}+2\boldsymbol{k}=(2,-3,2)$$

$$S_{\triangle ABC}=\frac{1}{2}|\overrightarrow{AB}\times\overrightarrow{AC}|=\frac{1}{2}\sqrt{2^2+(-3)^2+2^2}=\frac{1}{2}\sqrt{17}$$

可知 AB 边上的高为

$$d=\frac{2S_{\triangle ABC}}{|AB|}=\frac{|\overrightarrow{AB}\times\overrightarrow{AC}|}{|AB|}=\frac{\sqrt{17}}{3}$$

注： 由此例可得，点 C 到直线 AB 的距离公式为

$$d=\frac{|\overrightarrow{AB}\times\overrightarrow{AC}|}{|AB|}$$

例 1.4.4　利用 $(\boldsymbol{a}\times\boldsymbol{b})^2+(\boldsymbol{a}\cdot\boldsymbol{b})^2=\boldsymbol{a}^2\boldsymbol{b}^2$ 证明三角形面积的 Heron 公式，即

$$\Delta=\sqrt{s(s-a)(s-b)(s-c)},\quad s=\frac{1}{2}(a+b+c)$$

其中，a，b，c 是三角形的边长.

证　首先由外积定义可得

$$(\boldsymbol{a}\times\boldsymbol{b})^2+(\boldsymbol{a}\cdot\boldsymbol{b})^2=\boldsymbol{a}^2\boldsymbol{b}^2\sin^2\theta+\boldsymbol{a}^2\boldsymbol{b}^2\cos^2\theta=\boldsymbol{a}^2\boldsymbol{b}^2$$

其次，设向量 $\boldsymbol{a}$，$\boldsymbol{b}$，$\boldsymbol{c}$ 构成三角形的三边，使得 $\boldsymbol{a}+\boldsymbol{b}=\boldsymbol{c}$. 于是有

$$(\boldsymbol{a}+\boldsymbol{b})^2=\boldsymbol{c}^2\quad 或\quad \boldsymbol{a}\cdot\boldsymbol{b}=\frac{1}{2}(\boldsymbol{c}^2-\boldsymbol{a}^2-\boldsymbol{b}^2)$$

因为三角形面积 $\Delta=\frac{1}{2}|\boldsymbol{a}\times\boldsymbol{b}|$，利用 $|\boldsymbol{a}\times\boldsymbol{b}|^2=(\boldsymbol{a}\times\boldsymbol{b})^2=\boldsymbol{a}^2\boldsymbol{b}^2-(\boldsymbol{a}\cdot\boldsymbol{b})^2$

可得

$$\begin{aligned}4\Delta^2&=|\boldsymbol{a}\times\boldsymbol{b}|^2=\boldsymbol{a}^2\boldsymbol{b}^2-\frac{1}{4}(\boldsymbol{c}^2-\boldsymbol{a}^2-\boldsymbol{b}^2)^2\\&=a^2b^2-\frac{1}{4}(c^2-a^2-b^2)^2\\&=\frac{1}{4}[2ab-(c^2-a^2-b^2)][2ab+(c^2-a^2-b^2)]\end{aligned}$$

$$=\frac{1}{4}(a+b+c)(a+b-c)(c+a-b)(c-a+b)$$

$$=\frac{1}{4}(2s)(2s-2c)(2s-2b)(2s-2a)$$

$$=4s(s-c)(s-b)(s-a)$$

通常,外积在力学中有如下应用. 在研究物体转动时,不但要考虑物体所受的力,还要分析这些力所产生的力矩. 如图 1 - 36 所示,设 O 为杠杆 L 的支点. 有一个力 $\boldsymbol{F}$ 作用于杠杆上 P 点处. $\boldsymbol{F}$ 与 $\overrightarrow{OP}$ 的夹角为 θ. 由力学规定,力 $\boldsymbol{F}$ 对支点 O 的力矩是向量 $\boldsymbol{m}$,它的模为 $|\boldsymbol{m}|=|OQ||\boldsymbol{F}|=|\overrightarrow{OP}||\boldsymbol{F}|\sin\theta$,$\boldsymbol{m}$ 的方向垂直于 $\overrightarrow{OP}$ 与 $\boldsymbol{F}$ 所决定的平面,且 $\boldsymbol{m}$ 的方向是按右手法则,从 $\overrightarrow{OP}$ 以不超过 π 的角转到 $\boldsymbol{F}$ 来确定的,即当右手四个手指从 $\overrightarrow{OP}$ 以不超过 π 角弯转向 $\boldsymbol{F}$ 时,拇指的指向就是 $\boldsymbol{m}$ 的指向(见图 1 - 36). 即力矩 $\boldsymbol{m}$ 等于 $\overrightarrow{OP}$ 与 $\boldsymbol{F}$ 的外积,即

$$\boldsymbol{m}=\overrightarrow{OP}\times\boldsymbol{F}$$

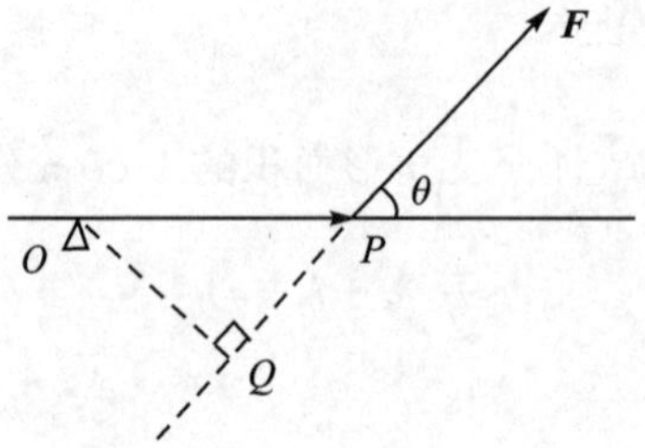

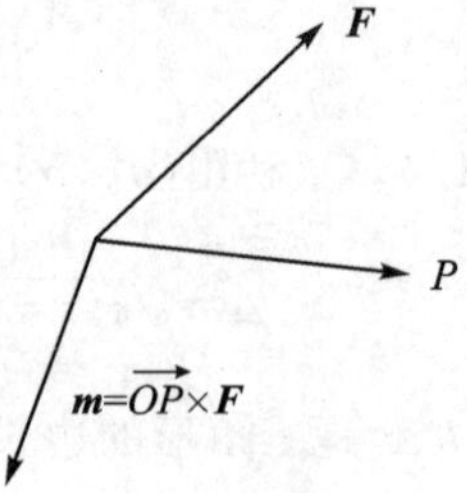

图 1 - 36

例 1.4.5 证明:二阶行列式 $\begin{vmatrix} a_1 & a_2 \\ b_1 & b_2 \end{vmatrix}=\pm S$,$S$ 表示以向量 $\boldsymbol{a}=(a_1,a_2)$,$\boldsymbol{b}=(b_1,b_2)$ 为邻边的平行四边形的面积,且 $\begin{vmatrix} a_1 & a_2 \\ b_1 & b_2 \end{vmatrix}=\begin{cases} S, & \text{若 } \boldsymbol{a} \text{ 到 } \boldsymbol{b} \text{ 为逆时针} \\ -S, & \text{若 } \boldsymbol{a} \text{ 到 } \boldsymbol{b} \text{ 为顺时针} \end{cases}$.

证 取右手直角坐标系$\{O,\boldsymbol{i},\boldsymbol{j},\boldsymbol{k}\}$,可把向量 $\boldsymbol{a},\boldsymbol{b}$ 写成如下形式:

$$\boldsymbol{a}=a_1\boldsymbol{i}+a_2\boldsymbol{j}+0\boldsymbol{k},\quad \boldsymbol{b}=b_1\boldsymbol{i}+b_2\boldsymbol{j}+0\boldsymbol{k},\quad \boldsymbol{a},\boldsymbol{b} \text{ 都在坐标平面 } xOy \text{ 上}$$

也可写为

$$\boldsymbol{a}=(a_1,a_2,0),\quad \boldsymbol{b}=(b_1,b_2,0)$$

利用叉积坐标公式可得

$$\boldsymbol{a}\times\boldsymbol{b}=\begin{vmatrix} a_1 & a_2 \\ b_1 & b_2 \end{vmatrix}\boldsymbol{k}$$

$\boldsymbol{k}$ 是 z 轴正向单位向量. 据叉积几何意义 $|\boldsymbol{a}\times\boldsymbol{b}|=S$($\boldsymbol{a},\boldsymbol{b}$ 为邻边的平行四边形面积),可得

$$\begin{vmatrix} a_1 & a_2 \\ b_1 & b_2 \end{vmatrix}=\pm S(\text{平行四边形面积})$$

(1) 若 $\boldsymbol{a}$ 到 $\boldsymbol{b}$ 为逆时针,则 $\boldsymbol{a}\times\boldsymbol{b}$ 与 z 轴方向 $\boldsymbol{k}$ 相同,且 $\boldsymbol{a}\times\boldsymbol{b}=\begin{vmatrix} a_1 & a_2 \\ b_1 & b_2 \end{vmatrix}\boldsymbol{k}$,必有

$$\begin{vmatrix} a_1 & a_2 \\ b_1 & b_2 \end{vmatrix}>0$$

即
$$\begin{vmatrix} a_1 & a_2 \\ b_1 & b_2 \end{vmatrix}=+S$$

(2) 若 $\boldsymbol{a}$ 到 $\boldsymbol{b}$ 为顺时针,则 $\boldsymbol{a}\times\boldsymbol{b}$ 与 z 轴方向 $\boldsymbol{k}$ 相反,且 $\boldsymbol{a}\times\boldsymbol{b}=\begin{vmatrix} a_1 & a_2 \\ b_1 & b_2 \end{vmatrix}\boldsymbol{k}$,必有

$$\begin{vmatrix} a_1 & a_2 \\ b_1 & b_2 \end{vmatrix}<0$$

故
$$\begin{vmatrix} a_1 & a_2 \\ b_1 & b_2 \end{vmatrix}=-S$$

可得

$$\begin{vmatrix} a_1 & a_2 \\ b_1 & b_2 \end{vmatrix}=\begin{cases} S,. & \text{若 } \boldsymbol{a} \text{ 到 } \boldsymbol{b} \text{ 为逆时针} \\ -S, & \text{若 } \boldsymbol{a} \text{ 到 } \boldsymbol{b} \text{ 为顺时针} \end{cases}$$

也可知,若 $\{\boldsymbol{a},\boldsymbol{b},\boldsymbol{k}\}$ 成右手系,$\begin{vmatrix} a_1 & a_2 \\ b_1 & b_2 \end{vmatrix}$ 为正;若 $\{\boldsymbol{a},\boldsymbol{b},\boldsymbol{k}\}$ 成左手系,$\begin{vmatrix} a_1 & a_2 \\ b_1 & b_2 \end{vmatrix}$ 为负.

附注：外积分配律的证明 *

为了证明分配律，首先给出以下引理.

引理 1 设向量 $\boldsymbol{u},\boldsymbol{v}$ 不共线 $(\boldsymbol{u}\not\parallel\boldsymbol{v})$，则有公式

$$\boldsymbol{u}\times(k\boldsymbol{u}+\boldsymbol{v})=\boldsymbol{u}\times\boldsymbol{v},\quad (k\boldsymbol{u}+\boldsymbol{v})\times\boldsymbol{u}=\boldsymbol{v}\times\boldsymbol{u},\quad k\text{ 为实数}$$

证 设 $\boldsymbol{u}\not\parallel\boldsymbol{v}$，先证明公式 $\boldsymbol{u}\times(\boldsymbol{u}+\boldsymbol{v})=\boldsymbol{u}\times\boldsymbol{v}$.

令 $\boldsymbol{d}=\boldsymbol{u}+\boldsymbol{v}$，如图 1－37 所示，在 $\boldsymbol{u},\boldsymbol{v}$ 确定的平面 π 上，显然以 $\boldsymbol{u},\boldsymbol{d}$ 为边的平行四边形面积等于以 $\boldsymbol{u},\boldsymbol{v}$ 为边的平行四边形面积，即 $|\boldsymbol{u}\times\boldsymbol{d}|=|\boldsymbol{u}\times\boldsymbol{v}|$，且 $\boldsymbol{u}\times\boldsymbol{d}$，$\boldsymbol{u}\times\boldsymbol{v}$ 有相同方向，从而 $\boldsymbol{u}\times\boldsymbol{d}=\boldsymbol{u}\times\boldsymbol{v}$，即有

$$\boldsymbol{u}\times(\boldsymbol{u}+\boldsymbol{v})=\boldsymbol{u}\times\boldsymbol{v}$$

在上式中用 $k\boldsymbol{u}$ 代替 $\boldsymbol{u}$ 可得

$$k\boldsymbol{u}\times(k\boldsymbol{u}+\boldsymbol{v})=k\boldsymbol{u}\times\boldsymbol{v}$$

若 $k\neq0$，则有

$$\boldsymbol{u}\times(k\boldsymbol{u}+\boldsymbol{v})=\boldsymbol{u}\times\boldsymbol{v}$$

若 $k=0$，显然有

$$\boldsymbol{u}\times(k\boldsymbol{u}+\boldsymbol{v})=\boldsymbol{u}\times\boldsymbol{v}$$

成立.

故 $\boldsymbol{u}\times(k\boldsymbol{u}+\boldsymbol{v})=\boldsymbol{u}\times\boldsymbol{v}$ 对任一实数 k 成立.

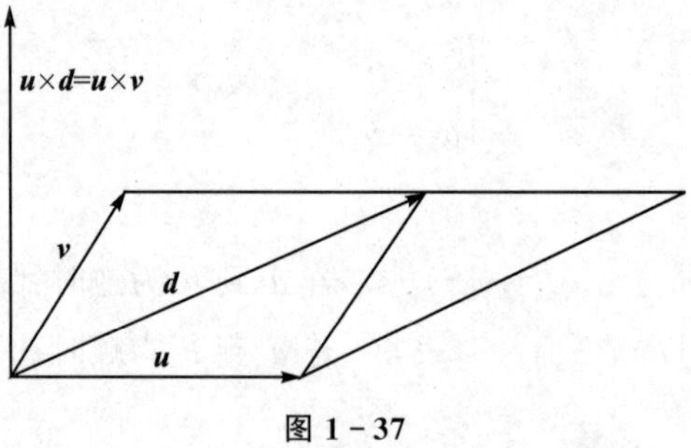

图 1－37

利用反交换性可得

$$(k\boldsymbol{u}+\boldsymbol{v})\times\boldsymbol{u}=\boldsymbol{v}\times\boldsymbol{u}$$

特别地，若 $\boldsymbol{u}/\!/\boldsymbol{v}$（共线）时，以上公式也显然成立.

引理 2 设 $\boldsymbol{e}\perp\boldsymbol{u},\boldsymbol{e}\perp\boldsymbol{v}$，且 $\boldsymbol{e}$ 是单位向量，则有

$$(\boldsymbol{u}+\boldsymbol{v})\times\boldsymbol{e}=\boldsymbol{u}\times\boldsymbol{e}+\boldsymbol{v}\times\boldsymbol{e}$$

证 如图 1－38 所示，令 $\overrightarrow{OA}=\boldsymbol{u},\overrightarrow{AB}=\boldsymbol{v}$，则 $\overrightarrow{OB}=\boldsymbol{u}+\boldsymbol{v}$. 它们所在的平面 π 与

$\boldsymbol{e}$ 正交.

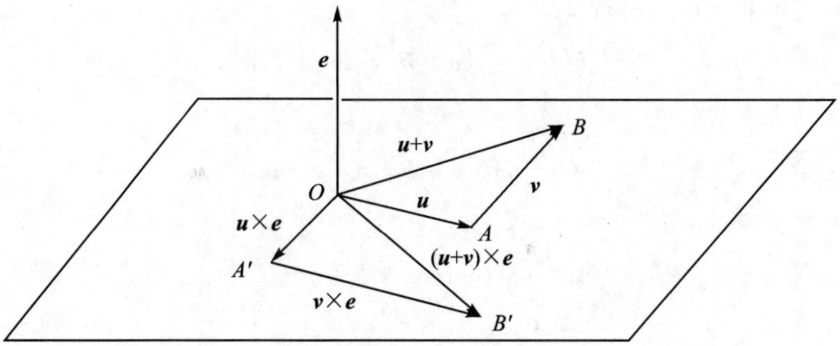

图 1－38

由外积定义可知，平面 π 上任一向量 $\boldsymbol{u}$ 与 $\boldsymbol{e}$ 的外积 $\boldsymbol{u}\times\boldsymbol{e}$ 恰是向量 $\boldsymbol{u}$ 在平面 π 上按顺时针旋转 $\frac{\pi}{2}$ 得到的. 这个旋转把 OAB 变到 $OA'B'$ 的位置，且

$$\overrightarrow{OA'}=\boldsymbol{u}\times\boldsymbol{e},\quad \overrightarrow{OB'}=(\boldsymbol{u}+\boldsymbol{v})\times\boldsymbol{e},\quad \overrightarrow{A'B'}=\boldsymbol{v}\times\boldsymbol{e}$$

根据三角形法则可知

$$\overrightarrow{OB'}=\overrightarrow{OA'}+\overrightarrow{A'B'}=\boldsymbol{u}\times\boldsymbol{e}+\boldsymbol{v}\times\boldsymbol{e}$$

于是得到

$$(\boldsymbol{u}+\boldsymbol{v})\times\boldsymbol{e}=\boldsymbol{u}\times\boldsymbol{e}+\boldsymbol{v}\times\boldsymbol{e}$$

注：由此**引理**可知

$$(\boldsymbol{u}+\boldsymbol{v})\times k\boldsymbol{e}=k(\boldsymbol{u}\times\boldsymbol{e}+\boldsymbol{v}\times\boldsymbol{e})=\boldsymbol{u}\times k\boldsymbol{e}+\boldsymbol{v}\times k\boldsymbol{e}$$

令 $\boldsymbol{a}=k\boldsymbol{e}$ 可得如下推论：

推论　若 $\boldsymbol{u},\boldsymbol{v}$ 都与 $\boldsymbol{a}$ 正交，则有

$$(\boldsymbol{u}+\boldsymbol{v})\times\boldsymbol{a}=\boldsymbol{u}\times\boldsymbol{a}+\boldsymbol{v}\times\boldsymbol{a}$$

下面证明分配律：$(\boldsymbol{b}+\boldsymbol{c})\times\boldsymbol{a}=\boldsymbol{b}\times\boldsymbol{a}+\boldsymbol{c}\times\boldsymbol{a}$.

证　由 1.3 节正交分解的结论可知

$$\boldsymbol{b}=k\boldsymbol{a}+\boldsymbol{b}',\quad \boldsymbol{c}=\lambda\boldsymbol{a}+\boldsymbol{c}',\quad 且\ \boldsymbol{b}'\perp\boldsymbol{a},\boldsymbol{c}'\perp\boldsymbol{a}$$

则有

$$\boldsymbol{b}+\boldsymbol{c}=(k+\lambda)\boldsymbol{a}+(\boldsymbol{b}'+\boldsymbol{c}'),\quad 且(\boldsymbol{b}'+\boldsymbol{c}')\perp\boldsymbol{a}$$

由**引理 1** 可得

$$\boldsymbol{b}\times\boldsymbol{a}=(k\boldsymbol{a}+\boldsymbol{b}')\times\boldsymbol{a}=\boldsymbol{b}'\times\boldsymbol{a}$$

$$\boldsymbol{c}\times\boldsymbol{a}=(\lambda\boldsymbol{a}+\boldsymbol{c}')\times\boldsymbol{a}=\boldsymbol{c}'\times\boldsymbol{a}$$

$$(\boldsymbol{b}+\boldsymbol{c})\times\boldsymbol{a}=[(k+\lambda)\boldsymbol{a}+(\boldsymbol{b}'+\boldsymbol{c}')]\times\boldsymbol{a}=(\boldsymbol{b}'+\boldsymbol{c}')\times\boldsymbol{a}$$

因 $\boldsymbol{b}'\perp\boldsymbol{a},\boldsymbol{c}'\perp\boldsymbol{a}$ 及**引理 2**，可知

$$(\boldsymbol{b}'+\boldsymbol{c}')\times\boldsymbol{a}=\boldsymbol{b}'\times\boldsymbol{a}+\boldsymbol{c}'\times\boldsymbol{a}$$

综合以上各式可得

$$(\boldsymbol{b}+\boldsymbol{c})\times\boldsymbol{a}=\boldsymbol{b}\times\boldsymbol{a}+\boldsymbol{c}\times\boldsymbol{a}$$

利用反交换性可得

$$\boldsymbol{a}\times(\boldsymbol{b}+\boldsymbol{c})=\boldsymbol{a}\times\boldsymbol{b}+\boldsymbol{a}\times\boldsymbol{c}$$

习题 1.4

1. 设 $\boldsymbol{a}=3\boldsymbol{i}-\boldsymbol{j}-2\boldsymbol{k},\boldsymbol{b}=\boldsymbol{i}+2\boldsymbol{j}-\boldsymbol{k}$，求：(1) $\boldsymbol{a}\times 2\boldsymbol{b}$ 与 $(\boldsymbol{a}\times\boldsymbol{b})\cdot\boldsymbol{b}$；(2) $\boldsymbol{a}\times\boldsymbol{b}$ 与 $\boldsymbol{b}$ 的夹角.

2. 设 $\boldsymbol{a}=2\boldsymbol{i}-3\boldsymbol{j}+\boldsymbol{k},\boldsymbol{b}=\boldsymbol{i}-\boldsymbol{j}+3\boldsymbol{k}$ 和 $\boldsymbol{c}=\boldsymbol{i}-2\boldsymbol{j}$，计算 $(\boldsymbol{a}+\boldsymbol{b})\times\boldsymbol{b}$ 与 $(\boldsymbol{a}\times\boldsymbol{b})\cdot\boldsymbol{c}$.

3. 设 $A(1,2,3),B(3,4,5),C(2,4,7)$，求 $\triangle ABC$ 的面积 S.

4. 设 $A(1,-1,2),B(3,3,1),C(3,1,3)$，求与 $\overrightarrow{AB}$，$\overrightarrow{BC}$ 同时垂直的单位向量.

5. 已知 $\overrightarrow{OA}=\boldsymbol{i}+3\boldsymbol{k}$，$\overrightarrow{OB}=\boldsymbol{j}+3\boldsymbol{k}$，求 $\triangle OAB$ 的面积.

6. 化简：$|\boldsymbol{a}\times\boldsymbol{b}|^2+(\boldsymbol{a}\cdot\boldsymbol{b})^2$.

7. 设 $A(1,2,3),B(2,-1,5),C(3,2,-5)$. 求 $\triangle ABC$ 的面积 S 与 AB 边上的高 h.

8. 设 $\boldsymbol{a}+\boldsymbol{b}+\boldsymbol{c}=\boldsymbol{0}$，证明：$\boldsymbol{a}\times\boldsymbol{b}=\boldsymbol{b}\times\boldsymbol{c}=\boldsymbol{c}\times\boldsymbol{a}$.

9. 求以 $\boldsymbol{a}=(1,-3,2),\boldsymbol{b}=(1,0,-4)$ 为邻边的平行四边形面积 S 与 $\boldsymbol{a}$ 边上的高.

10. 已知 $A(a,0,0),B(0,b,0),C(0,0,c)$. 求(1) $\overrightarrow{AB}\times\overrightarrow{AC}$；(2) $\triangle ABC$ 的面积 S.

11. 用叉积运算证明：若 $\boldsymbol{u}=x\boldsymbol{a}+y\boldsymbol{b},\boldsymbol{v}=s\boldsymbol{a}+t\boldsymbol{b}$，则 $\boldsymbol{u}\times\boldsymbol{v}=\begin{vmatrix}x & y\\ s & t\end{vmatrix}(\boldsymbol{a}\times\boldsymbol{b})$.

*12. 设 $\boldsymbol{a},\boldsymbol{b}$ 不共线($\boldsymbol{a}\not\parallel\boldsymbol{b}$)，证明：向量 $\boldsymbol{u}=p\boldsymbol{a}+q\boldsymbol{b},\boldsymbol{v}=s\boldsymbol{a}+t\boldsymbol{b}$ 共线的充要条件是 $\begin{vmatrix}p & q\\ s & t\end{vmatrix}=0$.

1.5　向量的混合积

向量 $\boldsymbol{a},\boldsymbol{b}$ 的外积 $\boldsymbol{a}\times\boldsymbol{b}$ 是一个向量，它与另一个向量 $\boldsymbol{c}$ 作内积得到一个数量，$(\boldsymbol{a}\times\boldsymbol{b})\cdot\boldsymbol{c}$ 称为向量 $\boldsymbol{a},\boldsymbol{b},\boldsymbol{c}$ 的**混合积**，记作 $(\boldsymbol{a},\boldsymbol{b},\boldsymbol{c})=(\boldsymbol{a}\times\boldsymbol{b})\cdot\boldsymbol{c}$.

例如，在右手系**正交标架** $\{O,\boldsymbol{i},\boldsymbol{j},\boldsymbol{k}\}$ 中(见图 1-34)，可知

$$(\boldsymbol{i},\boldsymbol{j},\boldsymbol{k})=(\boldsymbol{i}\times\boldsymbol{j})\cdot\boldsymbol{k}=\boldsymbol{k}\cdot\boldsymbol{k}=1,\quad (\boldsymbol{j},\boldsymbol{i},\boldsymbol{k})=(\boldsymbol{j}\times\boldsymbol{i})\cdot\boldsymbol{k}=-\boldsymbol{k}\cdot\boldsymbol{k}=-1$$

$$(\boldsymbol{j},\boldsymbol{k},\boldsymbol{i})=(\boldsymbol{j}\times\boldsymbol{k})\cdot\boldsymbol{i}=\boldsymbol{i}\cdot\boldsymbol{i}=1,\quad (\boldsymbol{i},\boldsymbol{j},\boldsymbol{j})=(\boldsymbol{i}\times\boldsymbol{j})\cdot\boldsymbol{j}=\boldsymbol{k}\cdot\boldsymbol{j}=0$$

注意，因为 $(\boldsymbol{a}\times\boldsymbol{b})\perp\boldsymbol{a}$，$(\boldsymbol{a}\times\boldsymbol{b})\perp\boldsymbol{b}$，可知

$$(\boldsymbol{a},\boldsymbol{b},\boldsymbol{a})=(\boldsymbol{a}\times\boldsymbol{b})\cdot\boldsymbol{a}=0,\quad (\boldsymbol{a},\boldsymbol{b},\boldsymbol{b})=(\boldsymbol{a}\times\boldsymbol{b})\cdot\boldsymbol{b}=0$$

定理 1　向量 $\boldsymbol{a},\boldsymbol{b},\boldsymbol{c}$ **共面**的充要条件是**混合积** $(\boldsymbol{a},\boldsymbol{b},\boldsymbol{c})=0$.

证　显然 $(\boldsymbol{a},\boldsymbol{b},\boldsymbol{c})=(\boldsymbol{a}\times\boldsymbol{b})\cdot\boldsymbol{c}=0\Leftrightarrow(\boldsymbol{a}\times\boldsymbol{b})\perp\boldsymbol{c}$. 如果 $\boldsymbol{a},\boldsymbol{b}$ 共线，可知 $\boldsymbol{a},\boldsymbol{b},\boldsymbol{c}$ 共面. 如果 $\boldsymbol{a},\boldsymbol{b}$ 不共线且 $(\boldsymbol{a}\times\boldsymbol{b})\perp\boldsymbol{c}$，又 $(\boldsymbol{a}\times\boldsymbol{b})\perp\boldsymbol{a}$，$(\boldsymbol{a}\times\boldsymbol{b})\perp\boldsymbol{b}$，即 $\boldsymbol{a},\boldsymbol{b},\boldsymbol{c}$ 同时与 $\boldsymbol{a}\times\boldsymbol{b}$ 垂直，故 $\boldsymbol{a},\boldsymbol{b},\boldsymbol{c}$ 共面，所以条件 $(\boldsymbol{a},\boldsymbol{b},\boldsymbol{c})=0$ 是充分的.

另一方面，若 $\boldsymbol{a},\boldsymbol{b},\boldsymbol{c}$ 共面，且 $\boldsymbol{a}\times\boldsymbol{b}\neq\boldsymbol{0}$，则有 $(\boldsymbol{a}\times\boldsymbol{b})\perp\boldsymbol{c}$，故 $(\boldsymbol{a},\boldsymbol{b},\boldsymbol{c})=0$. 如果 $\boldsymbol{a}\times\boldsymbol{b}=\boldsymbol{0}$，也有 $(\boldsymbol{a},\boldsymbol{b},\boldsymbol{c})=0$. 必要性也成立.

特别地，因为 $\boldsymbol{a},\boldsymbol{b},\boldsymbol{b}$ 共面，且 $\boldsymbol{a},\boldsymbol{b}$ 与 $k\boldsymbol{a}+\lambda\boldsymbol{b}$ 共面，显然有

$$(\boldsymbol{a},\boldsymbol{b},\boldsymbol{b})=(\boldsymbol{b},\boldsymbol{a},\boldsymbol{b})=0,\ (\boldsymbol{a},\boldsymbol{b},k\boldsymbol{a}+\lambda\boldsymbol{b})=0$$

例 1.5.1　证明：若 $\boldsymbol{a}\times\boldsymbol{b}+\boldsymbol{b}\times\boldsymbol{c}+\boldsymbol{c}\times\boldsymbol{a}=\boldsymbol{0}$，则 $\boldsymbol{a},\boldsymbol{b},\boldsymbol{c}$ 共面.

证　由 $(\boldsymbol{a}\times\boldsymbol{b}+\boldsymbol{b}\times\boldsymbol{c}+\boldsymbol{c}\times\boldsymbol{a})\cdot\boldsymbol{c}=\boldsymbol{0}\cdot\boldsymbol{c}=0$ 得

$$(\boldsymbol{a},\boldsymbol{b},\boldsymbol{c})+(\boldsymbol{b},\boldsymbol{c},\boldsymbol{c})+(\boldsymbol{c},\boldsymbol{a},\boldsymbol{c})=0,\quad 且(\boldsymbol{b},\boldsymbol{c},\boldsymbol{c})=(\boldsymbol{c},\boldsymbol{a},\boldsymbol{c})=0$$

可知 $(\boldsymbol{a},\boldsymbol{b},\boldsymbol{c})=0$，即 $\boldsymbol{a},\boldsymbol{b},\boldsymbol{c}$ 共面.

下面的结论给出了混合积的几何意义.

定理 2　设向量 $\boldsymbol{a},\boldsymbol{b},\boldsymbol{c}$ 不共面，V 是以 $\boldsymbol{a},\boldsymbol{b},\boldsymbol{c}$ 为邻边的平行六面体的体积，则 $(\boldsymbol{a},\boldsymbol{b},\boldsymbol{c})=\pm V$. 其中 $\{\boldsymbol{a},\boldsymbol{b},\boldsymbol{c}\}$ 为右手系时取正号，$\{\boldsymbol{a},\boldsymbol{b},\boldsymbol{c}\}$ 为左手系时取负号.

证　设 $\overrightarrow{OA}=\boldsymbol{a}$，$\overrightarrow{OB}=\boldsymbol{b}$，$\overrightarrow{OC}=\boldsymbol{c}$. 以向量 $\boldsymbol{a},\boldsymbol{b},\boldsymbol{c}$ 为棱的平行六面体的体积为 V. 此平行六面体的底面积为 $S=|\boldsymbol{a}\times\boldsymbol{b}|$，它的高 h 等于向量 $\boldsymbol{c}$ 在 $\boldsymbol{a}\times\boldsymbol{b}$ 上的投影的绝对值，即

$$h=|OP|=|\boldsymbol{c}||\cos\theta|$$

θ 为 $\boldsymbol{a}\times\boldsymbol{b}$ 与 $\boldsymbol{c}$ 的夹角.

所以平行六面体的体积为

$$V=Sh=|\boldsymbol{a}\times\boldsymbol{b}||\boldsymbol{c}||\cos\theta|=|(\boldsymbol{a},\boldsymbol{b},\boldsymbol{c})|$$

注意: 当$\{\boldsymbol{a},\boldsymbol{b},\boldsymbol{c}\}$为右手系时,且$\boldsymbol{a}\times\boldsymbol{b}$的方向垂直于$\boldsymbol{a},\boldsymbol{b}$确定的平面$OADB$,此时$\boldsymbol{a}\times\boldsymbol{b}$与向量$\boldsymbol{c}$朝向这平面的同一侧,如图1-39所示,故$\boldsymbol{a}\times\boldsymbol{b}$与$\boldsymbol{c}$的夹角$\theta$为锐角$\left(0\leqslant\theta<\frac{\pi}{2}\right)$,则体积为

$$V=Sh=|\boldsymbol{a}\times\boldsymbol{b}||\boldsymbol{c}|\cos\theta=(\boldsymbol{a},\boldsymbol{b},\boldsymbol{c})>0$$

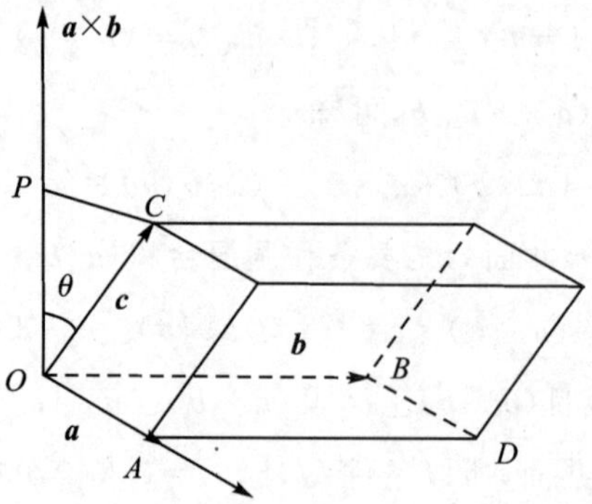

图 1-39

当$\{\boldsymbol{a},\boldsymbol{b},\boldsymbol{c}\}$为左手系时,则$\{\boldsymbol{b},\boldsymbol{a},\boldsymbol{c}\}$为右手系,从而体积$V=(\boldsymbol{b},\boldsymbol{a},\boldsymbol{c})>0$. 这时$(\boldsymbol{a},\boldsymbol{b},\boldsymbol{c})=(\boldsymbol{a}\times\boldsymbol{b})\cdot\boldsymbol{c}=-(\boldsymbol{b}\times\boldsymbol{a})\cdot\boldsymbol{c}=-(\boldsymbol{b},\boldsymbol{a},\boldsymbol{c})=-V$.

混合积的几何意义可概括为:混合积$(\boldsymbol{a},\boldsymbol{b},\boldsymbol{c})$是这样一个数,它的绝对值等于以向量$\boldsymbol{a},\boldsymbol{b},\boldsymbol{c}$为棱的平行六面体的体积$V=|(\boldsymbol{a},\boldsymbol{b},\boldsymbol{c})|$. 如果$\{\boldsymbol{a},\boldsymbol{b},\boldsymbol{c}\}$成右手系(即$\boldsymbol{c}$的指向按右手规则从$\boldsymbol{a}$转向$\boldsymbol{b}$来确定),则$(\boldsymbol{a},\boldsymbol{b},\boldsymbol{c})$是正数;若$\{\boldsymbol{a},\boldsymbol{b},\boldsymbol{c}\}$组成左手系,则$(\boldsymbol{a},\boldsymbol{b},\boldsymbol{c})$是负数. 所以当$\{\boldsymbol{a},\boldsymbol{b},\boldsymbol{c}\}$是右手系时,$(\boldsymbol{a},\boldsymbol{b},\boldsymbol{c})$为正;当$\{\boldsymbol{a},\boldsymbol{b},\boldsymbol{c}\}$是左手系时,$(\boldsymbol{a},\boldsymbol{b},\boldsymbol{c})$为负.

推论 1 设向量$\boldsymbol{a},\boldsymbol{b},\boldsymbol{c}$不共面,则当$(\boldsymbol{a},\boldsymbol{b},\boldsymbol{c})>0$时,$\{\boldsymbol{a},\boldsymbol{b},\boldsymbol{c}\}$为右手系;当$(\boldsymbol{a},\boldsymbol{b},\boldsymbol{c})<0$时,$\{\boldsymbol{a},\boldsymbol{b},\boldsymbol{c}\}$为左手系.

由几何意义可知

$$(\boldsymbol{a},\boldsymbol{b},\boldsymbol{c})=(\boldsymbol{a}\times\boldsymbol{b})\cdot\boldsymbol{c}=(\boldsymbol{b}\times\boldsymbol{c})\cdot\boldsymbol{a}=(\boldsymbol{c}\times\boldsymbol{a})\cdot\boldsymbol{b}=\pm V$$

可得循环公式

$$(\boldsymbol{a},\boldsymbol{b},\boldsymbol{c})=(\boldsymbol{b},\boldsymbol{c},\boldsymbol{a})=(\boldsymbol{c},\boldsymbol{a},\boldsymbol{b})$$

推论 2 循环不改变混合积的值,对换改变混合积的符号,即

$$(\boldsymbol{a},\boldsymbol{b},\boldsymbol{c})=(\boldsymbol{b},\boldsymbol{c},\boldsymbol{a})=(\boldsymbol{c},\boldsymbol{a},\boldsymbol{b})=-(\boldsymbol{b},\boldsymbol{a},\boldsymbol{c})=-(\boldsymbol{a},\boldsymbol{c},\boldsymbol{b})=-(\boldsymbol{c},\boldsymbol{b},\boldsymbol{a})$$

混合积还有如下性质：

(1) 齐次性：$(k\boldsymbol{a},\boldsymbol{b},\boldsymbol{c})=(\boldsymbol{a},k\boldsymbol{b},\boldsymbol{c})=(\boldsymbol{a},\boldsymbol{b},k\boldsymbol{c})=k(\boldsymbol{a},\boldsymbol{b},\boldsymbol{c})$.

(2) 多线性：$(\boldsymbol{a}+\boldsymbol{d},\boldsymbol{b},\boldsymbol{c})=(\boldsymbol{a},\boldsymbol{b},\boldsymbol{c})+(\boldsymbol{d},\boldsymbol{b},\boldsymbol{c})$.

由(1)和(2)可知$(\boldsymbol{a}+k\boldsymbol{b},\boldsymbol{b},\boldsymbol{c})=(\boldsymbol{a},\boldsymbol{b},\boldsymbol{c})$.

下面建立**混合积**的**坐标**公式.

给定右手正交标架$\{O,\boldsymbol{i},\boldsymbol{j},\boldsymbol{k}\}$,右手直角坐标系,如图 1－40 所示.

设向量 $\boldsymbol{a}=a_1\boldsymbol{i}+a_2\boldsymbol{j}+a_3\boldsymbol{k}$，$\boldsymbol{b}=b_1\boldsymbol{i}+b_2\boldsymbol{j}+b_3\boldsymbol{k}$，$\boldsymbol{c}=c_1\boldsymbol{i}+c_2\boldsymbol{j}+c_3\boldsymbol{k}$，即

$$\boldsymbol{a}=(a_1,a_2,a_3),\quad \boldsymbol{b}=(b_1,b_2,b_3),\quad \boldsymbol{c}=(c_1,c_2,c_3)$$

由于 $\boldsymbol{a}\times\boldsymbol{b}=\left(\begin{vmatrix} a_2 & a_3 \\ b_2 & b_3 \end{vmatrix},\begin{vmatrix} a_3 & a_1 \\ b_3 & b_1 \end{vmatrix},\begin{vmatrix} a_1 & a_2 \\ b_1 & b_2 \end{vmatrix}\right)$，再按内积公式

$$(\boldsymbol{a},\boldsymbol{b},\boldsymbol{c})=(\boldsymbol{a}\times\boldsymbol{b})\cdot\boldsymbol{c}=c_1\begin{vmatrix} a_2 & a_3 \\ b_2 & b_3 \end{vmatrix}+c_2\begin{vmatrix} a_3 & a_1 \\ b_3 & b_1 \end{vmatrix}+c_3\begin{vmatrix} a_1 & a_2 \\ b_1 & b_2 \end{vmatrix}=\begin{vmatrix} a_1 & a_2 & a_3 \\ b_1 & b_2 & b_3 \\ c_1 & c_2 & c_3 \end{vmatrix}$$

由此，用三阶行列式可得混合积坐标公式为

$$(\boldsymbol{a},\boldsymbol{b},\boldsymbol{c})=\begin{vmatrix} a_1 & a_2 & a_3 \\ b_1 & b_2 & b_3 \\ c_1 & c_2 & c_3 \end{vmatrix}$$

混合积公式用行列式转置也可写为

$$(\boldsymbol{a},\boldsymbol{b},\boldsymbol{c})=\begin{vmatrix} a_1 & b_1 & c_1 \\ a_2 & b_2 & c_2 \\ a_3 & b_3 & c_3 \end{vmatrix}$$

例 1.5.2　证明：四面体 $ABCP$ 的体积 V 等于以 $\overrightarrow{AB}$，$\overrightarrow{AC}$ 和 $\overrightarrow{AP}$ 为棱的平行六面体的体积的六分之一，即 $V=\frac{1}{6}|(\overrightarrow{AP},\overrightarrow{AB},\overrightarrow{AC})|$.

证　如图 1－40 所示，由立体几何可知，四面体的体积等于底面积 $S_{\triangle ABC}$ 与高 h 乘积的三分之一，即 $V=\frac{1}{3}hS_{\triangle ABC}$，其中 $S_{\triangle ABC}=\frac{1}{2}|\overrightarrow{AB}\times\overrightarrow{AC}|$.

底面上高 $h=|PN|$ 等于 $\overrightarrow{AP}$ 在向量 $\boldsymbol{n}=\overrightarrow{AB}\times\overrightarrow{AC}$ 上的投影的绝对值. 由投影公式可知

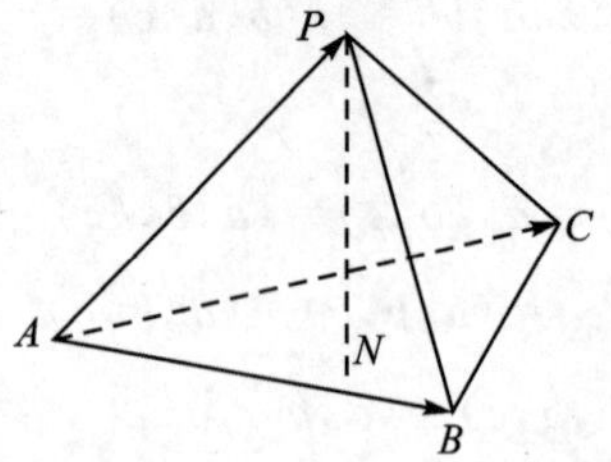

图 1-40

$$h=|PN|=|\overrightarrow{AP}|_n=\frac{|\overrightarrow{AP}\cdot \boldsymbol{n}|}{|\boldsymbol{n}|}$$

$$=\frac{|\overrightarrow{AP}\cdot(\overrightarrow{AB}\times\overrightarrow{AC})|}{|\overrightarrow{AB}\times\overrightarrow{AC}|}=\frac{|(\overrightarrow{AP},\overrightarrow{AB},\overrightarrow{AC})|}{|\overrightarrow{AB}\times\overrightarrow{AC}|}$$

故

$$V=\frac{1}{3}hS_{\triangle ABC}=\frac{1}{3}\frac{|(\overrightarrow{AP},\overrightarrow{AB},\overrightarrow{AC})|}{|\overrightarrow{AB}\times\overrightarrow{AC}|}\cdot\frac{1}{2}|\overrightarrow{AB}\times\overrightarrow{AC}|=\frac{1}{6}|(\overrightarrow{AP},\overrightarrow{AB},\overrightarrow{AC})|$$

注：由本例可知，点 P 到平面 ABC 的距离公式为

$$h=\frac{|(\overrightarrow{AP},\overrightarrow{AB},\overrightarrow{AC})|}{|\overrightarrow{AB}\times\overrightarrow{AC}|}$$

例 1.5.3 (1) 给定不共面四点 $A(x_1,y_1,z_1)$，$B(x_2,y_2,z_2)$，$C(x_3,y_3,z_3)$，$P(x,y,z)$. 求四面体 $ABCP$ 的体积 V.(2) 已知四点 $A(0,0,0)$，$B(1,-1,0)$，$C(1,1,0)$与 $P(1,1,2)$. 求四面体 $ABCP$ 的体积 V，并求底面$\triangle ABC$ 上的高 h.

解 (1) 由于 $\overrightarrow{AB}=(x_2-x_1,y_2-y_1,z_2-z_1)$，$\overrightarrow{AC}=(x_3-x_1,y_3-y_1,z_3-z_1)$，$\overrightarrow{AP}=(x-x_1,y-y_1,z-z_1)$，代入公式 $V=\frac{1}{6}|(\overrightarrow{AP},\overrightarrow{AB},\overrightarrow{AC})|$，可得

$$V=\frac{1}{6}\begin{vmatrix} x-x_1 & y-y_1 & z-z_1 \\ x_2-x_1 & y_2-y_1 & z_2-z_1 \\ x_3-x_1 & y_3-y_1 & z_3-z_1 \end{vmatrix}\text{（取绝对值）}$$

(2) 已知 $\overrightarrow{AB}=(1,-1,0)$，$\overrightarrow{AC}=(1,1,0)$，$\overrightarrow{AP}=(1,1,2)$，于是

$$V=\frac{1}{6}|(\overrightarrow{AP},\overrightarrow{AB},\overrightarrow{AC})|=\frac{1}{6}\begin{vmatrix} 1 & 1 & 2 \\ 1 & -1 & 0 \\ 1 & 1 & 0 \end{vmatrix}=\frac{2}{3}$$

底面$\triangle ABC$ 上的高为

$$h=\frac{|(\overrightarrow{AP},\overrightarrow{AB},\overrightarrow{AC})|}{|\overrightarrow{AB}\times\overrightarrow{AC}|}=2$$

由本例可知，若 $A(x_1,y_1,z_1)$，$B(x_2,y_2,z_2)$，$C(x_3,y_3,z_3)$ 不共线，则平面 ABC 上任一点 P 满足混合积 $(\overrightarrow{AP},\overrightarrow{AB},\overrightarrow{AC})=0$.

同样可知，四点 $A(x_1,y_1,z_1)$，$B(x_2,y_2,z_2)$，$C(x_3,y_3,z_3)$，$P(x,y,z)$ 共面当且仅当

$$\begin{vmatrix} x-x_1 & y-y_1 & z-z_1 \\ x_2-x_1 & y_2-y_1 & z_2-z_1 \\ x_3-x_1 & y_3-y_1 & z_3-z_1 \end{vmatrix}=0$$

例 1.5.4　设三向量 $\boldsymbol{a},\boldsymbol{b},\boldsymbol{c}$ 不共面，求任意向量 $\boldsymbol{d}$ 关于 $\boldsymbol{a},\boldsymbol{b},\boldsymbol{c}$ 的分解式

$$\boldsymbol{d}=x\boldsymbol{a}+y\boldsymbol{b}+z\boldsymbol{c}$$

解　由第 1 节分解定理可知，存在数 x,y,z 使得 $\boldsymbol{d}=x\boldsymbol{a}+y\boldsymbol{b}+z\boldsymbol{c}$，等式两边与 $\boldsymbol{b},\boldsymbol{c}$ 取混合积，可得 $(\boldsymbol{d},\boldsymbol{b},\boldsymbol{c})=x(\boldsymbol{a},\boldsymbol{b},\boldsymbol{c})$，且知 $(\boldsymbol{a},\boldsymbol{b},\boldsymbol{c})\neq 0$，解得

$$x=\frac{(\boldsymbol{d},\boldsymbol{b},\boldsymbol{c})}{(\boldsymbol{a},\boldsymbol{b},\boldsymbol{c})}$$

同理可得

$$y=\frac{(\boldsymbol{a},\boldsymbol{d},\boldsymbol{c})}{(\boldsymbol{a},\boldsymbol{b},\boldsymbol{c})},\ z=\frac{(\boldsymbol{a},\boldsymbol{b},\boldsymbol{d})}{(\boldsymbol{a},\boldsymbol{b},\boldsymbol{c})}$$

这就是线性方程组中的 Cramer **法则**.

习题 1.5

1. 设四点 $A(0,0,0)$，$B(6,0,6)$，$C(4,3,0)$，$D(2,-1,3)$，求四面体 $ABCD$ 的体积 V.

2. 已知 $A(a,0,0)$，$B(0,b,0)$，$C(0,0,c)$，求四面体 $OABC$ 的底面 ABC 上的高 h.

3. 已知 $A(1,0,0)$，$B(4,4,2)$，$C(4,5,-1)$，$D(3,3,5)$，求四面体 $ABCD$ 的体积 V.

4. 设 $\boldsymbol{a}=(-1,3,2)$，$\boldsymbol{b}=(2,-3,-4)$，$\boldsymbol{c}=(-3,12,6)$，证明：$\boldsymbol{a},\boldsymbol{b},\boldsymbol{c}$ 共面，并用 $\boldsymbol{a},\boldsymbol{b}$ 表示 $\boldsymbol{c}$.

5. 已知非零向量 $\boldsymbol{a},\boldsymbol{b},\boldsymbol{c}$，证明：$|(\boldsymbol{a},\boldsymbol{b},\boldsymbol{c})|\leqslant|\boldsymbol{a}\|\boldsymbol{b}\|\boldsymbol{c}|$；指出在什么条件下等式

成立？设 $\boldsymbol{a}=(a_1,a_2,a_3)$，$\boldsymbol{b}=(b_1,b_2,b_3)$，$\boldsymbol{c}=(c_1,c_2,c_3)$，写出 $|(\boldsymbol{a},\boldsymbol{b},\boldsymbol{c})|\leqslant|\boldsymbol{a}\|\boldsymbol{b}\|\boldsymbol{c}|$ 的坐标表达式.

6. 证明：如果 $\boldsymbol{a}\times\boldsymbol{b},\boldsymbol{b}\times\boldsymbol{c},\boldsymbol{c}\times\boldsymbol{a}$ 共面，则 $\boldsymbol{a},\boldsymbol{b},\boldsymbol{c}$ 共面.

7. 若 $\boldsymbol{a},\boldsymbol{b},\boldsymbol{c}$ 共面，则 $\boldsymbol{a}\times\boldsymbol{b},\boldsymbol{b}\times\boldsymbol{c},\boldsymbol{c}\times\boldsymbol{a}$ 共面.

8. 设 $\boldsymbol{a}=(1,0,-1)$，$\boldsymbol{b}=(2,1,0)$，$\boldsymbol{c}=(0,0,1)$，求 $(\boldsymbol{a}\times\boldsymbol{b})\cdot\boldsymbol{c}$ 与 $(\boldsymbol{a}\times\boldsymbol{b})\cdot(\boldsymbol{a}\times\boldsymbol{c})$.

9. 用混合积定义证明：向量 $\boldsymbol{a},\boldsymbol{b},\boldsymbol{c}$ 共面的充要条件是 $(\boldsymbol{a},\boldsymbol{b},\boldsymbol{c})=0$.

10. 用混合积定义及性质证明

(1) $(\boldsymbol{a},\boldsymbol{b},k\boldsymbol{c})=k(\boldsymbol{a},\boldsymbol{b},\boldsymbol{c})$，$(\boldsymbol{a},\boldsymbol{b},\boldsymbol{a})=(\boldsymbol{a},\boldsymbol{b},\boldsymbol{b})=0$.

(2) $(\boldsymbol{b},\boldsymbol{a},\boldsymbol{c})=-(\boldsymbol{a},\boldsymbol{b},\boldsymbol{c})$，$(\boldsymbol{a},\boldsymbol{c},\boldsymbol{b})=-(\boldsymbol{a},\boldsymbol{b},\boldsymbol{c})$，$(\boldsymbol{c},\boldsymbol{b},\boldsymbol{a})=-(\boldsymbol{a},\boldsymbol{b},\boldsymbol{c})$.

(3) $(\boldsymbol{a},\boldsymbol{b},\boldsymbol{c}+\boldsymbol{d})=(\boldsymbol{a},\boldsymbol{b},\boldsymbol{c})+(\boldsymbol{a},\boldsymbol{b},\boldsymbol{d})$，$(\boldsymbol{a},\boldsymbol{b},\boldsymbol{c}+k\boldsymbol{a})=(\boldsymbol{a},\boldsymbol{b},\boldsymbol{c})$.

*(4) 若 $\boldsymbol{a}=a_1\boldsymbol{u}+a_2\boldsymbol{v}+a_3\boldsymbol{w}$，$\boldsymbol{b}=b_1\boldsymbol{u}+b_2\boldsymbol{v}+b_3\boldsymbol{w}$，$\boldsymbol{c}=c_1\boldsymbol{u}+c_2\boldsymbol{v}+c_3\boldsymbol{w}$，则

$$(\boldsymbol{a},\boldsymbol{b},\boldsymbol{c})=\begin{vmatrix} a_1 & a_2 & a_3 \\ b_1 & b_2 & b_3 \\ c_1 & c_2 & c_3 \end{vmatrix}(\boldsymbol{u},\boldsymbol{v},\boldsymbol{w})$$

由此可知，若 $\boldsymbol{a},\boldsymbol{b},\boldsymbol{c}$ 不共面，且 $\boldsymbol{u},\boldsymbol{v},\boldsymbol{w}$ 不共面，则有

$$\begin{vmatrix} a_1 & a_2 & a_3 \\ b_1 & b_2 & b_3 \\ c_1 & c_2 & c_3 \end{vmatrix}\neq 0$$

*1.6　向量的双重外积

下面讨论 3 个向量 $\boldsymbol{a},\boldsymbol{b},\boldsymbol{c}$ 的**双重外积**：$(\boldsymbol{a}\times\boldsymbol{b})\times\boldsymbol{c}$. 显然 $(\boldsymbol{a}\times\boldsymbol{b})\times\boldsymbol{c}$ 是一个向量，由于 $(\boldsymbol{a}\times\boldsymbol{b})\perp\boldsymbol{a}$，$(\boldsymbol{a}\times\boldsymbol{b})\perp\boldsymbol{b}$，且 $(\boldsymbol{a}\times\boldsymbol{b})\perp[(\boldsymbol{a}\times\boldsymbol{b})\times\boldsymbol{c})]$，即 $\boldsymbol{a},\boldsymbol{b}$ 与 $(\boldsymbol{a}\times\boldsymbol{b})\times\boldsymbol{c}$ 同时与 $\boldsymbol{a}\times\boldsymbol{b}$ 垂直，故 $\boldsymbol{a},\boldsymbol{b},(\boldsymbol{a}\times\boldsymbol{b})\times\boldsymbol{c}$ 共面. 可写为

$$(\boldsymbol{a}\times\boldsymbol{b})\times\boldsymbol{c}=k\boldsymbol{b}+l\boldsymbol{a}$$

定理 1　任给三向量 $\boldsymbol{a},\boldsymbol{b},\boldsymbol{c}$ 有双重外积公式

$$(\boldsymbol{a}\times\boldsymbol{b})\times\boldsymbol{c}=(\boldsymbol{a}\cdot\boldsymbol{c})\boldsymbol{b}-(\boldsymbol{b}\cdot\boldsymbol{c})\boldsymbol{a}$$

$$\boldsymbol{a}\times(\boldsymbol{b}\times\boldsymbol{c})=(\boldsymbol{a}\cdot\boldsymbol{c})\boldsymbol{b}-(\boldsymbol{a}\cdot\boldsymbol{b})\boldsymbol{c}$$

双重外积法则：用中间的向量乘其余 2 个向量的内积，再减去括号中另一个向量乘其余 2 个向量的内积.

证　取右手直角标架$\{O,\boldsymbol{i},\boldsymbol{j},\boldsymbol{k}\}$,设$\boldsymbol{a}=(a_1,a_2,a_3)$,$\boldsymbol{b}=(b_1,b_2,b_3)$,可知

$$\boldsymbol{a}\times\boldsymbol{b}=\left(\begin{vmatrix}a_2 & a_3\\ b_2 & b_3\end{vmatrix}\begin{vmatrix}a_3 & a_1\\ b_3 & b_1\end{vmatrix},\begin{vmatrix}a_1 & a_2\\ b_1 & b_2\end{vmatrix}\right)$$

$$=(a_2b_3-a_3b_2,a_3b_1-a_1b_3,a_1b_2-a_2b_1)$$

再令$\boldsymbol{c}=(c_1,c_2,c_3)$,$(\boldsymbol{a}\times\boldsymbol{b})\times\boldsymbol{c}=(x,y,z)$,由叉积公式得

$$\begin{aligned}x&=\begin{vmatrix}a_3b_1-a_1b_3 & a_1b_2-a_2b_1\\ c_2 & c_3\end{vmatrix}\\&=(a_3b_1-a_1b_3)c_3-(a_1b_2-a_2b_1)c_2\\&=(a_2c_2+a_3c_3)b_1-(b_2c_2+b_3c_3)a_1\\&=(a_1c_1+a_2c_2+a_3c_3)b_1-(b_1c_1+b_2c_2+b_3c_3)a_1\\&=(\boldsymbol{a}\cdot\boldsymbol{c})b_1-(\boldsymbol{b}\cdot\boldsymbol{c})a_1\end{aligned}$$

同理可得

$$y=(\boldsymbol{a}\cdot\boldsymbol{c})b_2-(\boldsymbol{b}\cdot\boldsymbol{c})a_2$$
$$z=(\boldsymbol{a}\cdot\boldsymbol{c})b_3-(\boldsymbol{b}\cdot\boldsymbol{c})a_3$$

合并以上三式得第一公式

$$(\boldsymbol{a}\times\boldsymbol{b})\times\boldsymbol{c}=(x,y,z)=(\boldsymbol{a}\cdot\boldsymbol{c})\boldsymbol{b}-(\boldsymbol{b}\cdot\boldsymbol{c})\boldsymbol{a}$$

由于$\boldsymbol{a}\times(\boldsymbol{b}\times\boldsymbol{c})=-(\boldsymbol{b}\times\boldsymbol{c})\times\boldsymbol{a}$,利用第一公式可得第二公式

$$\boldsymbol{a}\times(\boldsymbol{b}\times\boldsymbol{c})=(\boldsymbol{a}\cdot\boldsymbol{c})\boldsymbol{b}-(\boldsymbol{a}\cdot\boldsymbol{b})\boldsymbol{c}$$

例 1.6.1　试证 Lagrange 公式

$$(\boldsymbol{a}\times\boldsymbol{b})\cdot(\boldsymbol{c}\times\boldsymbol{d})=\begin{vmatrix}\boldsymbol{a}\cdot\boldsymbol{c} & \boldsymbol{a}\cdot\boldsymbol{d}\\ \boldsymbol{b}\cdot\boldsymbol{c} & \boldsymbol{b}\cdot\boldsymbol{d}\end{vmatrix}$$

特别有

$$(\boldsymbol{a}\times\boldsymbol{b})^2=\begin{vmatrix}\boldsymbol{a}\cdot\boldsymbol{a} & \boldsymbol{a}\cdot\boldsymbol{b}\\ \boldsymbol{b}\cdot\boldsymbol{a} & \boldsymbol{b}\cdot\boldsymbol{b}\end{vmatrix}=\boldsymbol{a}^2\boldsymbol{b}^2-(\boldsymbol{a}\cdot\boldsymbol{b})^2$$

证　由混合积公式与双重外积公式可得

$$\begin{aligned}(\boldsymbol{a}\times\boldsymbol{b})\cdot(\boldsymbol{c}\times\boldsymbol{d})&=(\boldsymbol{a}\times\boldsymbol{b},\boldsymbol{c},\boldsymbol{d})=[(\boldsymbol{a}\times\boldsymbol{b})\times\boldsymbol{c}]\cdot\boldsymbol{d}\\&=[(\boldsymbol{a}\cdot\boldsymbol{c})\boldsymbol{b}-(\boldsymbol{b}\cdot\boldsymbol{c})\boldsymbol{a}]\cdot\boldsymbol{d}\\&=(\boldsymbol{a}\cdot\boldsymbol{c})(\boldsymbol{b}\cdot\boldsymbol{d})-(\boldsymbol{b}\cdot\boldsymbol{c})(\boldsymbol{a}\cdot\boldsymbol{d})\\&=\begin{vmatrix}\boldsymbol{a}\cdot\boldsymbol{c} & \boldsymbol{a}\cdot\boldsymbol{d}\\ \boldsymbol{b}\cdot\boldsymbol{c} & \boldsymbol{b}\cdot\boldsymbol{d}\end{vmatrix}\end{aligned}$$

例 1.6.2 证明 Jacobi 等式 $(\boldsymbol{a}\times\boldsymbol{b})\times\boldsymbol{c}+(\boldsymbol{b}\times\boldsymbol{c})\times\boldsymbol{a}+(\boldsymbol{c}\times\boldsymbol{a})\times\boldsymbol{b}=\boldsymbol{0}$.

证 由双重外积公式可得

$$(\boldsymbol{a}\times\boldsymbol{b})\times\boldsymbol{c}=(\boldsymbol{a}\cdot\boldsymbol{c})\boldsymbol{b}-(\boldsymbol{b}\cdot\boldsymbol{c})\boldsymbol{a}$$

$$(\boldsymbol{b}\times\boldsymbol{c})\times\boldsymbol{a}=(\boldsymbol{b}\cdot\boldsymbol{a})\boldsymbol{c}-(\boldsymbol{c}\cdot\boldsymbol{a})\boldsymbol{b}$$

$$(\boldsymbol{c}\times\boldsymbol{a})\times\boldsymbol{b}=(\boldsymbol{b}\cdot\boldsymbol{c})\boldsymbol{a}-(\boldsymbol{a}\cdot\boldsymbol{b})\boldsymbol{c}$$

三式相加得

$$(\boldsymbol{a}\times\boldsymbol{b})\times\boldsymbol{c}+(\boldsymbol{b}\times\boldsymbol{c})\times\boldsymbol{a}+(\boldsymbol{c}\times\boldsymbol{a})\times\boldsymbol{b}=\boldsymbol{0}$$

习题 1.6

1. 证明：$(\boldsymbol{a}\times\boldsymbol{b},\boldsymbol{b}\times\boldsymbol{c},\boldsymbol{c}\times\boldsymbol{a})=(\boldsymbol{a},\boldsymbol{b},\boldsymbol{c})^2$.
2. 证明：若 $\boldsymbol{a},\boldsymbol{b},\boldsymbol{c}$ 不共面，则 $\boldsymbol{a}\times\boldsymbol{b},\boldsymbol{b}\times\boldsymbol{c},\boldsymbol{c}\times\boldsymbol{a}$ 不共面.
3. $\boldsymbol{a}\times\boldsymbol{b},\boldsymbol{b}\times\boldsymbol{c},\boldsymbol{c}\times\boldsymbol{a}$ 共面的充要条件是 $\boldsymbol{a},\boldsymbol{b},\boldsymbol{c}$ 共面.
4. 设 $\overrightarrow{OA}\times\overrightarrow{OB}+\overrightarrow{OB}\times\overrightarrow{OC}+\overrightarrow{OC}\times\overrightarrow{OA}=\boldsymbol{0}$，证明：$A,B,C$ 三点共线.

第 2 章　平面与空间直线

本章主要讨论在直角坐标系$\{O,\boldsymbol{i},\boldsymbol{j},\boldsymbol{k}\}$下，空间的平面与直线的方程.

2.1　平面及其方程

1. 平面的点法式方程

已知一个平面 π，如果非零向量 $\boldsymbol{n}$ 垂直于 π，则 $\boldsymbol{n}$ 叫作平面的法向量. 易知，平面 π 上任一向量都与法向量 $\boldsymbol{n}$ 垂直.

由于过空间一点可以作而且只能作一平面垂直于已知直线，可知给定平面 π 上一点 $P_0(x_0,y_0,z_0)$ 和它的一个法向量 $\boldsymbol{n}=(A,B,C)$ 时，平面 π 的位置就完全确定了. 下面我们可以建立平面 π 的方程.

设 $P(x,y,z)$ 是平面 π 上任一点，如图 2-1 所示. 那么向量 $\overrightarrow{P_0P}$ 与法向量 $\boldsymbol{n}$ 必垂直($\boldsymbol{n}\perp\overrightarrow{P_0P}$)，于是它们的内积为 0，即

$$\boldsymbol{n}\cdot\overrightarrow{P_0P}=0$$

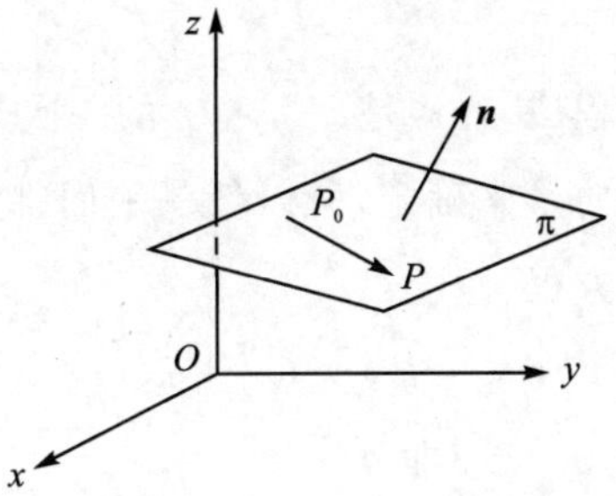

图 2-1

由于 $\boldsymbol{n}=(A,B,C)$，$\overrightarrow{P_0P}=(x-x_0,y-y_0,z-z_0)$，则有

$$A(x-x_0)+B(y-y_0)+C(z-z_0)=0 \tag{2.1.1}$$

这就是平面 π 上任一点 P 的坐标(x,y,z)所满足的方程.

反过来，如果 $P(x,y,z)$ 不在平面 π 上，那么向量 $\overrightarrow{P_0P}$ 与法线向量 $\boldsymbol{n}$ 不垂直，从而 $\boldsymbol{n}\cdot\overrightarrow{P_0P}\neq 0$，即不在平面 π 上的点 P 的坐标 (x,y,z) 不满足方程(2.1.1).

由于方程(2.1.1)是由平面 π 上一点 $P_0(x_0,y_0,z_0)$ 及它的一个法向量 $\boldsymbol{n}=(A,B,C)$ 确定，所以方程(2.1.1)叫作**平面的点法式方程**.

例 2.1.1 求过点(1,1,2)且以 $\boldsymbol{n}=(1,2,1)$ 为**法向量**的平面.

解 由**平面点法式**方程(2.1.1)，所求平面的方程为

$$(x-1)+2(y-1)+(z-2)=0$$

即

$$x+2y+z=5$$

例 2.1.2 求过三点 $M_1(2,-1,4)$，$M_2(-1,3,-2)$ 和 $M_3(0,2,3)$ 的平面的方程.

解 先求出平面的法向量 $\boldsymbol{n}$. 由于法向量 $\boldsymbol{n}$ 与 $\overrightarrow{M_1M_2}$，$\overrightarrow{M_1M_3}$ 都垂直，而且 $\overrightarrow{M_1M_2}=(-3,4,-6)$，$\overrightarrow{M_1M_3}=(-2,3,-1)$，可取它们的叉积作为法向量，即

$$\boldsymbol{n}=\overrightarrow{M_1M_2}\times\overrightarrow{M_1M_3}=(14,9,-1)$$

根据点法式方程，所求平面方程为

$$14(x-2)+9(y+1)-(z-4)=0$$

即

$$14x+9y-z-15=0$$

2. 平面的一般方程

由于平面的点法式方程(2.1.1)是 x，y，z 的一次方程，而任一平面都可以用它上面的一点及它的法线向量来确定，所以任一平面都可以用三元一次方程来表示. 反过来，设有三元一次方程

$$Ax+By+Cz+D=0 \tag{2.1.2}$$

任取满足该方程的一组 x_0,y_0,z_0 即

$$Ax_0+By_0+Cz_0+D=0 \tag{2.1.3}$$

把上述两等式相减，得

$$A(x-x_0)+B(y-y_0)+C(z-z_0)=0 \tag{2.1.4}$$

把它和平面的点法式方程做比较，可以知道方程(2.1.4)是通过点 $P_0(x_0,y_0,z_0)$ 且以 $\boldsymbol{n}=(A,B,C)$ 为法线向量的平面方程. 但方程(2.1.2)与方程

(2.1.4)同解,这是因为由方程(2.1.2)减去方程(2.1.3)即得方程(2.1.4),又由方程(2.1.4)加上方程(2.1.3)就得方程(2.1.2),由此可知,任一三元一次方程(2.1.2)的图形总是一个平面.方程(2.1.2)称为**平面的一般方程**,其中 x,y,z 的系数就是该平面的一个法线向量 $\boldsymbol{n}$ 的坐标,即 $\boldsymbol{n}=(A,B,C)$.

对于一些特殊的三元一次方程,应该熟悉它们的图形的特点:

(1) 当 $D=0$ 时,方程(2.1.2)成为 $Ax+By+Cz=0$,表示一个通过原点的平面。

(2) 当 $A=0$ 时,方程(2.1.2)成为 $By+Cz+D=0$,法线向量 $\boldsymbol{n}=(0,B,C)$ 垂直于 x 轴,方程表示一个平行于 x 轴的平面.

(3) 当 $A=B=0$,方程(2.1.2)成为 $Cz+D=0$ 或 $z=-\dfrac{D}{C}$,法向量 $\boldsymbol{n}=(0,0,C)$ 同时垂直于 x 轴和 y 轴,方程表示一个平行于 xOy 面的平面.

例 2.1.3　求通过 x 轴和点 $(4,-3,-1)$ 的平面的方程.

解　由于平面通过 x 轴,从而它的法向 $\boldsymbol{n}=(A,B,C)$ 垂直于 x 轴,于是 $\boldsymbol{n}$ 在 x 轴上的投影为零,即 $A=0$;又平面通过 x 轴,它必通过原点,于是 $D=0$.因此,可以设这平面的方程为

$$By+Cz=0$$

因这平面通过点 $(4,-3,-1)$,于是有

$$-3B-C=0$$

即

$$C=-3B$$

代入所设方程并除以 $B(B\neq 0)$,得所求平面方程为

$$y-3z=0$$

例 2.1.4　设一平面与 x,y,z 轴的交点依次为 $P(a,0,0)$,$Q(0,b,0)$,$R(0,0,c)$ 三点,如图 2-2 所示,求该平面的方程(其中 $abc\neq 0$).

解　设所求平面的方程为

$$Ax+By+Cz+D=0$$

因三点 $P(a,0,0)$,$Q(0,b,0)$,$R(0,0,c)$ 都在这平面上,所以三点的坐标都满足方程 ,即有

$$aA+D=0,\ bB+D=0,\quad cC+D=0$$

得

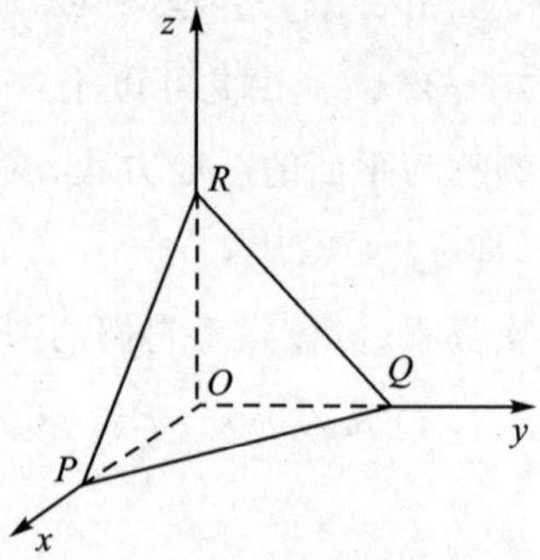

图 2-2

$$A=-\frac{D}{a},\quad B=-\frac{D}{b},\quad C=-\frac{D}{c}$$

代入原方程,并除以 $D(D\neq 0)$,便得所求平面方程为

$$\frac{x}{a}+\frac{y}{b}+\frac{z}{c}=1 \tag{2.1.5}$$

方程(2.1.5)叫作平面的**截距式方程**,a,b,c 叫作**平面在** x,y,z **轴上的截距**.

注意: 本例中可令 $M(x,y,z)$ 为平面上任一点,则以下三个向量共面

$$\overrightarrow{PM}=(x-a,y-0,z-0),\quad \overrightarrow{PQ}=(-a,b,0),\quad \overrightarrow{PR}=(-a,0,c)$$

于是混合积为零,即

$$(\overrightarrow{PM},\overrightarrow{PQ},\overrightarrow{PR})=\begin{vmatrix} x-a & y-0 & z-0 \\ -a & b & 0 \\ -a & 0 & c \end{vmatrix}=0$$

即 $bcx+acy+abz-abc=0$,可写成

$$\frac{x}{a}+\frac{y}{b}+\frac{z}{c}=1$$

利用**共面条件**可知,不共线三点 $A(x_1,y_1,z_1)$,$B(x_2,y_2,z_2)$,$C(x_3,y_3,z_3)$ 决定的平面 ABC 上任一点 $P(x,y,z)$ 满足方程$(\overrightarrow{AP},\overrightarrow{AB},\overrightarrow{AC})=0$,即

$$\begin{vmatrix} x-x_1 & y-y_1 & z-z_1 \\ x_2-x_1 & y_2-y_1 & z_2-z_1 \\ x_3-x_1 & y_3-y_1 & z_3-z_1 \end{vmatrix}=0$$

此式叫平面的**三点式方程**.

例 2.1.5 求过三点 $M_1(1,1,1)$,$M_2(-2,1,2)$ 和 $M_3(-3,3,1)$ 的平面的

方程.

解　利用平面**三点式方程**,可得

$$\begin{vmatrix} x-1 & y-1 & z-1 \\ -2-1 & 1-1 & 2-1 \\ -3-1 & 3-1 & 1-1 \end{vmatrix}=0$$

所求平面方程为

$$x+2y+3z-6=0$$

3. 两平面的夹角

两平面的法向量的夹角(通常指锐角),称为**两平面的夹角**.

设平面 π_1 和 π_2 的法线向量依次为 $\boldsymbol{n}_1=(A_1,B_1,C_1)$ 和 $\boldsymbol{n}_2=(A_2,B_2,C_2)$,那么平面 π_1 和 π_2 的夹角 θ(图 2-3)应是 $(\widehat{\boldsymbol{n}_1,\boldsymbol{n}_2})$ 和 $(-\widehat{\boldsymbol{n}_1,\boldsymbol{n}_2})=\pi-(\widehat{\boldsymbol{n}_1,\boldsymbol{n}_2})$ 两者中的锐角,因此,$\cos\theta=|\cos(\widehat{\boldsymbol{n}_1,\boldsymbol{n}_2})|$.按向量夹角余弦的公式,两平面的夹角 θ 公式为

$$\cos\theta=\frac{|A_1A_2+B_1B_2+C_1C_2|}{\sqrt{A_1^2+B_1^2+C_1^2}\sqrt{A_2^2+B_2^2+C_2^2}} \tag{2.1.6}$$

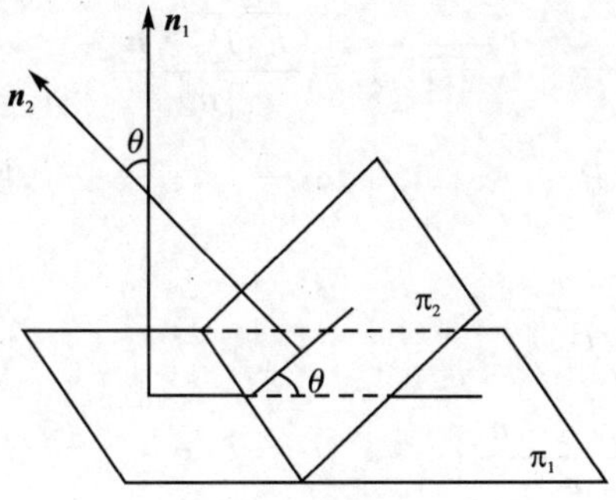

图 2-3

从两向量垂直、平行的充分必要条件推得下列结论:

(1) π_1,π_2 互相垂直相当于 $A_1A_2+B_1B_2+C_1C_2=0$;

(2) π_1,π_2 互相平行或重合相当于 $\dfrac{A_1}{A_2}=\dfrac{B_1}{B_2}=\dfrac{C_1}{C_2}$.

例 2.1.6　求两平面 $2x-y+z-4=0$ 和 $x+y+2z-5=0$ 的夹角.

解　利用夹角公式(2.1.6)可得

$$\cos\theta=\frac{|2\times1+(-1)\times1+1\times2|}{\sqrt{2^2+(-1)^2+1^2}\cdot\sqrt{1^2+1^2+2^2}}=\frac{1}{2}$$

可知夹角 $\theta=\frac{\pi}{3}$.

例 2.1.7 设 $P_0(x_0,y_0,z_0)$ 是平面 $Ax+By+Cz+D=0$ 外一点，求 P_0 到平面的距离.

解 在平面上取一点 $P_1(x_1,y_1,z_1)$，作一法向量 $\boldsymbol{n}$，如图 2-4 所示，考虑到 $\overrightarrow{P_1P_0}$ 与 $\boldsymbol{n}$ 的夹角可能是钝角，由投影定义得所求距离为

$$d=|\mathrm{Prj}_n\overrightarrow{P_1P_0}|=|(\overrightarrow{P_1P_0})_n|$$

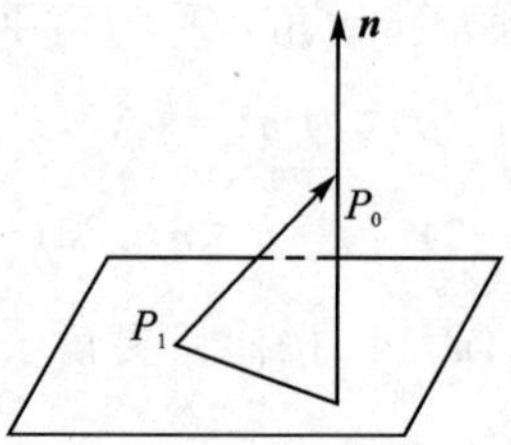

图 2-4

利用点积与**向量投影公式**，可知

$$(\overrightarrow{P_1P_0})_n=\frac{\overrightarrow{P_1P_0}\cdot\boldsymbol{n}}{|\boldsymbol{n}|}$$

因为 $\boldsymbol{n}=(A,B,C)$，$\overrightarrow{P_1P_0}=(x_0-x_1,y_0-y_1,z_0-z_1)$，所以

$$\begin{aligned}d&=|(\overrightarrow{P_1P_0})_n|\\&=\left|\frac{\overrightarrow{P_1P_0}\cdot\boldsymbol{n}}{|\boldsymbol{n}|}\right|\\&=\frac{|A(x_0-x_1)+B(y_0-y_1)+C(z_0-z_1)|}{\sqrt{A^2+B^2+C^2}}\\&=\frac{|Ax_0+By_0+Cz_0-(Ax_1+By_1+Cz_1)|}{\sqrt{A^2+B^2+C^2}}\end{aligned}$$

由于 $Ax_1+By_1+Cz_1+D=0$，代入可知，点到平面的距离为

$$d=\frac{|Ax_0+By_0+Cz_0+D|}{\sqrt{A^2+B^2+C^2}}\tag{2.1.7}$$

例 2.1.8　求两个平行平面 $4x-4y+2z-3=0$ 和 $2x-2y+z+1=0$ 间的距离.

解　在第一个平面上取一点 $P_1\left(0,0,\frac{3}{2}\right)$,求该点到另一个平面的距离 d 即可.所求距离为

$$d=\frac{\left|2\times 0-2\times 0+\frac{3}{2}+1\right|}{\sqrt{2^2+2^2+1^2}}=\frac{5}{6}$$

例 2.1.9　求两平面 $x-2y+2z+2=0$,$3x+4z-5=0$ 所成二面角的平分面的方程.

解　由于角平分面上的点 (x,y,z) 到两个平面距离相等,平分面的方程可写为

$$\frac{|x-2y+2z+2|}{3}=\frac{|3x+4z-5|}{5}$$

于是,角平分面有以下两个

$$14x-10y+22z-5=0 \quad 和 \quad 4x+10y+2z-25=0$$

4. 平面的参数方程

在空间给定一点 $P_0(x_0,y_0,z_0)$ 与两个不共线向量 $\boldsymbol{a}$,$\boldsymbol{b}$,那么可以唯一确定一个平面 π 通过点 P_0 且与 $\boldsymbol{a}$,$\boldsymbol{b}$ 都平行. 设 $P(x,y,z)$ 是平面 π 上任一点, 则向量 $\overrightarrow{P_0P}$ 与 $\boldsymbol{a}$,$\boldsymbol{b}$ 共面,如图 2-5 所示.根据向量共面条件(见第 1 章向量共面定理),可得**平面的向量方程**

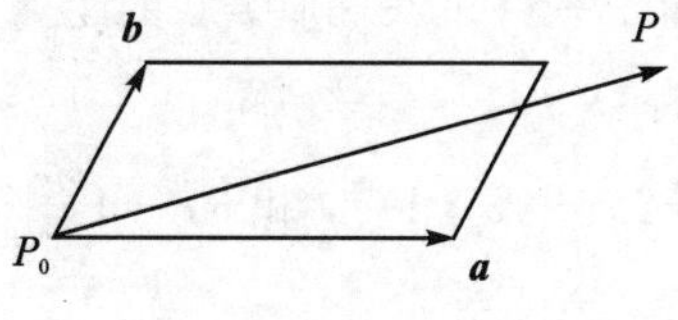

图 2-5

$$\overrightarrow{P_0P}=t_1\boldsymbol{a}+t_2\boldsymbol{b}$$

其中,t_1,t_2 叫平面的两个参数,向量 $\boldsymbol{a}$,$\boldsymbol{b}$ 叫平面的**方位向量**.

令 $\boldsymbol{a}=(a_1,a_2,a_3)$,$\boldsymbol{b}=(b_1,b_2,b_3)$,又 $\overrightarrow{P_0P}=(x-x_0,y-y_0,z-z_0)$,代入上式可得

$$\begin{cases} x=x_0+t_1a_1+t_2b_1 \\ y=y_0+t_1a_2+t_2b_2 \quad t_1,t_2\text{是参数} \\ z=z_0+t_1a_3+t_2b_3 \end{cases}$$

这就是**平面的参数方程**.

例如,平面$(x-1)+2(y-1)-(z-2)=0$的参数方程如下:可写$z=x+2y-1$,可令$x-1=t_1,y-1=t_2$,得**参数方程**

$$\begin{cases} x=1+t_1+0t_2 \\ y=1+0t_1+t_2 \quad t_1,t_2\text{是参数} \\ z=2+t_1+2t_2 \end{cases}$$

习题 2.1

1. 求过点$(2,-3,0)$且垂直于向量$\boldsymbol{n}=(1,-2,3)$的平面的方程.

2. 求两平面$x-y+2z-6=0$和$2x+y+z-5=0$的夹角.

3. 求过$(3,0,-1)$且与平面$3x-7y+5z-12=0$平行的平面方程.

4. 求过点$M_0(2,9,-6)$且与连接坐标原点及点M_0的线段OM_0垂直的平面方程.

5. 求过$(1,0,3)$,$(2,-1,2)$和$(4,-3,7)$的平面方程.

6. 求平面$2x-2y+z+5=0$与各坐标面的夹角的余弦.

7. 一平面过点$(2,4,3)$且平行于向量$\boldsymbol{a}=(0,1,2)$和$\boldsymbol{b}=(1,2,-1)$,求该平面的方程.

8. 求点$(1,2,1)$到平面$x+2y+2z-10=0$的距离.

9. 求两个平行平面$2x-2y+z-3=0$和$4x-4y+2z+5=0$的距离.

10. 求两相交平面$x-2y-2z-1=0$和$3x-4y+5=0$所成二面角的平分面的方程.

11. 一平面过点(a,b,c)且与x,y轴的截距分别为a,b,求该平面方程$(abc\neq 0)$.

12. 一平面过x轴并且与xy坐标面夹角为$\frac{\pi}{6}$,求它的方程.

2.2 空间直线方程

1. 空间直线的一般方程

空间直线 L 可看作是两个平面 π_1 和 π_2 的交线，如图 2-6 所示.若两个相交的平面 π_1 和 π_2 的方程分别为 $A_1x+B_1y+C_1z+D_1=0$ 和 $A_2x+B_2y+C_2z+D_2=0$,，那么直线 L 上的任一点的坐标应同时满足这两个平面的方程，即应满足方程组

$$\begin{cases} A_1x+B_1y+C_1z+D_1=0 \\ A_2x+B_2y+C_2z+D_2=0 \end{cases} \tag{2.2.1}$$

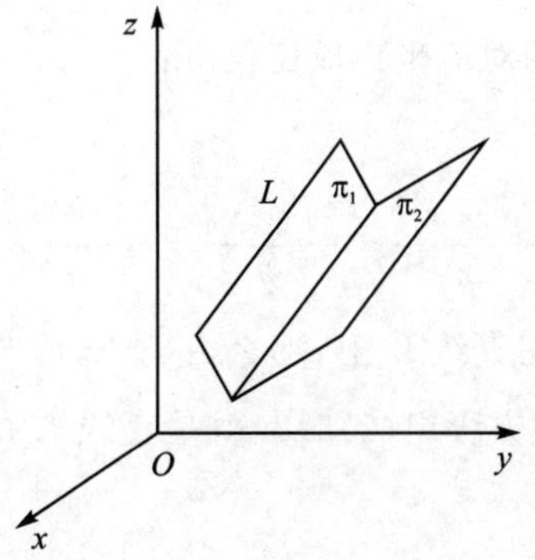

图 2-6

反过来，如果点 M 不在直线 L 上，那么它不可能同时在平面 π_1 和 π_2 上，所以它的坐标不满足方程组(2.2.1).因此，直线 L 可以用方程组(2.2.1)来表示.方程组(2.2.1)叫作**空间直线的一般方程**.

通过空间一直线 L 的平面有无限多个，只要在这无限多个平面中任意选取两个，把它们的方程联立起来，所得的方程组就表示空间直线 L.

2. 直线的对称方程与参数方程

如果一个非零向量 $\boldsymbol{S}$ 平行于一条已知直线 L，这个向量就叫作这条直线的**方向向量**.显然，任一平行于该直线的非 0 向量都可以作为其方向向量.

由于过空间一点可作而且只能作一条直线平行于一已知直线，所以直线 L 上

一点 $P_0(x_0,y_0,z_0)$ 和它的一方向向量 $\boldsymbol{S}=(m,n,p)$ 为已知时，直线 L 的位置就完全确定了. 下面我们来建立直线的方程.

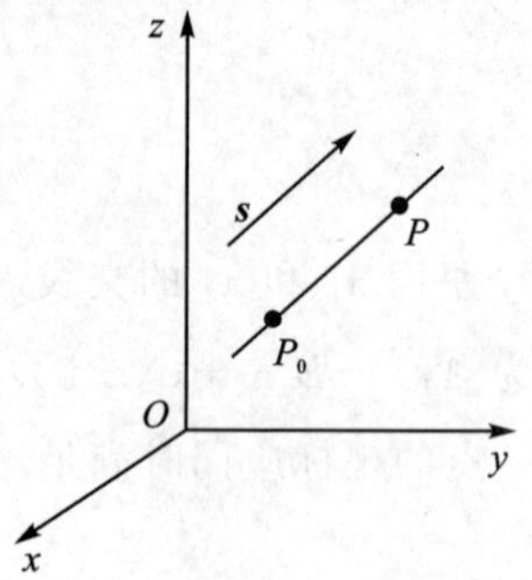

图 2-7

设点 $P(x,y,z)$ 是直线 L 上的任一点，那么向量 $\overrightarrow{P_0P}$ 与 L 的方向向量 $\boldsymbol{S}$ 平行(图 2-7)，所以两向量的对应坐标成比例. 由于 $\overrightarrow{P_0P}=(x-x_0,y-y_0,z-z_0)$，$\boldsymbol{S}=(m,n,p)$，从而有

$$\frac{x-x_0}{m}=\frac{y-y_0}{n}=\frac{z-z_0}{p} \tag{2.2.2}$$

反过来，如果点 P 不在直线 L 上，那么由于 $\overrightarrow{P_0P}$ 与 $\boldsymbol{S}$ 不平行，这两个向量的对应坐标就不成比例. 因此方程组(2.2.2)就是直线 L 的方程，叫作**直线的对称式方程或点向式方程**.

直线的任一方向向量 $\boldsymbol{S}$ 的坐标 m,n,p 叫作该直线的一组**方向数**，而向量 $\boldsymbol{S}$ 的方向余弦叫作该直线的**方向余弦**.

由直线的对称式容易导出直线的参数方程. 如设

$$\frac{x-x_0}{m}=\frac{y-y_0}{n}=\frac{z-z_0}{p}=t$$

那么

$$\begin{cases}x=x_0+mt\\y=y_0+nt\\z=z_0+pt\end{cases} \tag{2.2.3}$$

方程组(2.2.3)叫作直线的参数方程.

特别地，直线的参数方程又可以写成**向量形式**

$$L:\overrightarrow{P_0P}=t\boldsymbol{S} \tag{2.2.4}$$

即

$$L:(x-x_0,y-y_0,z-z_0)=t(m,n,p)$$

也可写向量形式

$$(x,y,z)=(x_0,y_0,z_0)+t\boldsymbol{S}$$

例 2.2.1　用对称式方程及**向量形式**表示直线 $L:\begin{cases}x+y+z+1=0\\2x-y+3z+4=0\end{cases}$.

解　**方法 1:**先找该直线上一点(x_0,y_0,z_0). 例如,可以取 $x_0=1$,代入方程组得

$$\begin{cases}y+z=-2\\y-3z=6\end{cases}$$

解这个二元方程组得

$$y_0=0,\ z_0=-2$$

即$(1,0,-2)$是该直线上一点.

再找出该直线的方向向量 $\boldsymbol{S}$. 由于两平面的交线与这两个平面的法向量 $\boldsymbol{n}_1=(1,1,1)$,$\boldsymbol{n}_2=(2,-1,3)$都垂直,所以可用外积作为 $\boldsymbol{S}$

$$\boldsymbol{S}=\boldsymbol{n}_1\times\boldsymbol{n}_2=(4,-1,-3)$$

因此,所给直线的对称式方程为

$$\frac{x-1}{4}=\frac{y}{-1}=\frac{z+2}{-3}$$

令

$$\frac{x-1}{4}=\frac{y}{-1}=\frac{z+2}{-3}=t$$

得直线的参数方程为

$$x=1+4t,\ y=-t,\ z=-2-3t$$

可写为向量形式

$$(x,y,z)=(1,0,-2)+t(4,-1,-3)$$

方法 2:直接引入参数 t. 令 $z=t$,代入方程组得

$$\begin{cases}x+y=-t-1\\2x-y=-3t-4\end{cases}$$

两个方程相加解出

$$x=-\frac{4}{3}t-\frac{5}{3}$$

且可得

$$y=\frac{1}{3}t+\frac{2}{3}$$

参数方程为

$$\begin{cases}x=-\frac{4}{3}t-\frac{5}{3}\\y=\frac{1}{3}t+\frac{2}{3}\\z=t+0\end{cases}$$

可取方向向量 $\boldsymbol{S}=\left(-\frac{4}{3},\frac{1}{3},1\right)/\!/(-4,1,3)$，对称式为

$$\frac{x+\frac{5}{3}}{-4}=\frac{y-\frac{2}{3}}{1}=\frac{z-0}{3}\text{（不唯一）}$$

例 2.2.2　求通过两个定点 $A(x_1,y_1,z_1)$，$B(x_2,y_2,z_2)$ 的直线方程.

解　设 $P(x,y,z)$ 是所求直线上任一点，则三点 A,B,P 共线. 由三点**共线**的充要条件（见第 1 章结论），可得**直线的两点式方程**为

$$\frac{x-x_1}{x_2-x_1}=\frac{y-y_1}{y_2-y_1}=\frac{z-z_1}{z_2-z_1}$$

例如，过两点 $A(-3,0,1)$，$B(2,-5,1)$ 的直线为

$$\frac{x+3}{5}=\frac{y-0}{-5}=\frac{z-1}{0}$$

参数方程为

$$\begin{cases}x=-3+5t\\y=0-5t\\z=1\end{cases}$$

例 2.2.3　求过点 $(1,-2,4)$ 且与平面 $2x-3y+z-4=0$ 垂直的直线的方程.

解　因为所求直线垂直于已知平面，所以可取已知平面的法向量 $(2,-3,1)$ 作为所求直线的方向向量. 由此可得所求直线方程为

$$\frac{x-1}{2}=\frac{y+2}{-3}=\frac{z-4}{1}$$

例 2.2.4　求直线 $\frac{x-2}{1}=\frac{y-3}{1}=\frac{z-4}{2}$ 与平面 $2x+y+z-6=0$ 的交点.

解　所给直线的参数方程为

$$x=2+t,\quad y=3+t,\quad z=4+2t$$

代入平面方程中,得

$$2(2+t)+(3+t)+(4+2t)-6=0$$

解上述方程,得 $t=-1$. 把 t 值代入直线的参数方程,即得交点的坐标为

$$x=1,\quad y=2,\quad z=2$$

例 2.2.5　求过点 $A(2,1,3)$ 且与直线 $\frac{x+1}{3}=\frac{y-1}{2}=\frac{z}{-1}$ 垂直相交的直线的方程.

解　已知直线的参数方程为

$$x=-1+3t,\quad y=1+2t,\quad z=-t$$

令交点为 $P(3t-1,2t+1,-t)$,则 $\overrightarrow{AP}=(3t-3,2t,-t-3)$,而且

$$\overrightarrow{AP}\perp \boldsymbol{S}=(3,2,-1)\Rightarrow 3(3t-3)+2(2t)+(t+3)=0$$

得 $t=\frac{3}{7}$,从而得交点 $P\left(\frac{2}{7},\frac{13}{7},-\frac{3}{7}\right)$. 所求直线一个方向向量为

$$\overrightarrow{AP}=\left(\frac{2}{7}-2,\frac{13}{7}-1,-\frac{3}{7}-3\right)=-\frac{6}{7}(2,-1,4)$$

故所求直线方程为

$$\frac{x-2}{2}=\frac{y-1}{-1}=\frac{z-3}{4}$$

3. 两直线的夹角

两直线的方向向量的夹角(通常指锐角)叫作**两直线的夹角**.

设直线 L_1 和 L_2 的方向向量依次为 $\boldsymbol{S}_1=(m_1,n_1,p_1)$ 和 $\boldsymbol{S}_2=(m_2,n_2,p_2)$,那么 L_1 和 L_2 的夹角 φ 应是两个角 $\angle(\boldsymbol{S}_1,\boldsymbol{S}_2)$ 和 $\angle(-\boldsymbol{S}_1,\boldsymbol{S}_2)=\pi-\angle(\boldsymbol{S}_1,\boldsymbol{S}_2)$ 中的锐角,因此 $\cos\varphi=|\cos\angle(\boldsymbol{S}_1,\boldsymbol{S}_2)|$. 按两向量的夹角的余弦公式,直线 L_1 和 L_2 的夹角 φ 公式为

$$\cos\varphi=\frac{|m_1m_2+n_1n_2+p_1p_2|}{\sqrt{m_1^2+n_1^2+p_1^2}\sqrt{m_2^2+n_2^2+p_2^2}} \tag{2.2.5}$$

从两向量垂直、平行(共线)的充要条件,立即推得下列结论:

(1) 两直线 L_1,L_2 互相垂直相当于 $m_1m_2+n_1n_2+p_1p_2=0$;

(2) 两直线 L_1,L_2 互相平行和重合相当于 $\frac{m_1}{m_2}=\frac{n_1}{n_2}=\frac{p_1}{p_2}$.

例 2.2.6 求直线 $L_1:\frac{x-1}{1}=\frac{y}{-4}=\frac{z+3}{1}$ 和 $L_2:\frac{x}{2}=\frac{y+2}{-2}=\frac{z}{-1}$ 的夹角.

解 直线 L_1 的方向向量为 $\boldsymbol{S}_1=(1,-4,1)$；直线 L_2 的方向向量为 $\boldsymbol{S}_2=(2,-2,-1)$. 设直线 L_1 和 L_2 的交角为 φ，那么由公式(2.2.5)有

$$\cos\varphi=\frac{|1\times2+(-4)\times(-2)+1\times(-1)|}{\sqrt{1^2+(-4)^2+1^2}\sqrt{2^2+2^2+1^2}}=\frac{1}{\sqrt{2}}$$

因此，$\varphi=\frac{\pi}{4}$.

4. 直线与平面的夹角

当直线与平面不垂直时，直线和它在平面上的投影直线的夹角 φ $\left(0\leqslant\varphi\leqslant\frac{\pi}{2}\right)$称为**直线与平面的夹角**，如图 2-8 所示. 若直线与平面垂直，规定直线与平面的夹角为 $\frac{\pi}{2}$. 设直线的方向为 $\boldsymbol{S}=(m,n,p)$，平面的法线向量为 $\boldsymbol{n}=(A,B,C)$，直线与平面的夹角为 φ，那么 $\varphi=\left|\frac{\pi}{2}-\angle(\boldsymbol{S},\boldsymbol{n})\right|$，因此 $\sin\varphi=|\cos\angle(\boldsymbol{S},\boldsymbol{n})|$.

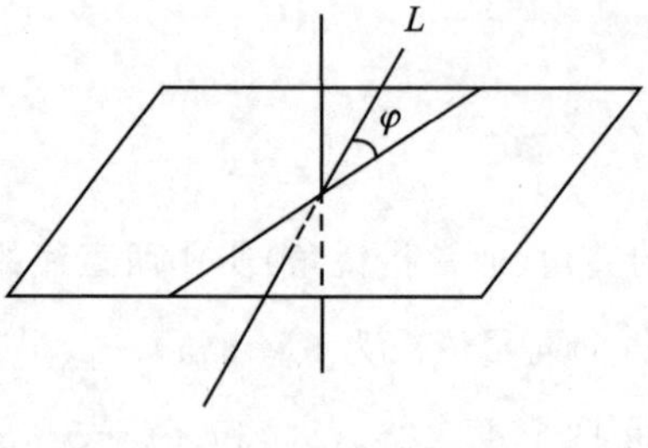

图 2-8

按两向量夹角余弦的坐标表达式，有

$$\sin\varphi=\frac{|Am+Bn+Cp|}{\sqrt{A^2+B^2+C^2}\sqrt{m^2+n^2+p^2}} \tag{2.2.6}$$

因为直线与平面垂直相当于**直线的方向与平面的法向平行**，所以直线与平面垂直相当于

$$\frac{A}{m}=\frac{B}{n}=\frac{C}{p} \tag{2.2.7}$$

因为直线与平面平行或直线在平面上相当于**直线的方向与平面的法向垂直**，所以直线与平面平行或直线在平面上相当于

$$Am+Bn+Cp=0 \tag{2.2.8}$$

5. 平面束的方程.

下面我们来讨论平面束的方程.

设直线 L 由方程组

$$\begin{cases}A_1x+B_1y+C_1z+D_1=0 & (2.2.9)\\ A_2x+B_2y+C_2z+D_2=0 & (2.2.10)\end{cases}$$

确定，其中系数 A_1,B_1,C_1 与 A_2,B_2,C_2 不成比例. 我们建立三元一次方程

$$A_1x+B_1y+C_1z+D_1+\lambda(A_2x+B_2y+C_2z+D_2)=0 \tag{2.2.11}$$

其中，λ 为任意常数. 因为 A_1,B_1,C_1 与 A_2,B_2,C_2 不成比例，所以对于任何一个 λ 值，方程(2.2.11)的系数 $A_1+\lambda A_2,B_1+\lambda B_2,C_1+\lambda C_2$ 不全为零，从而方程(2.2.11)表示一个平面；若一点在直线 L 上，则点的坐标必同时满足方程(2.2.9)和(2.2.10)，因而也满足方程(2.2.11)，故方程(2.2.11)表示通过直线 L 的平面，且对应于不同的 λ 值，方程(2.2.11)表示通过直线 L 的不同的平面. 反之，通过直线 L 的任何平面(除平面(2.2.10)外)都包含在方程(2.2.11)所表示的一族平面内. 通过定直线的所有平面的全体称为**平面束**，而方程(2.2.11)就通过直线 L 的**平面束的方程**(实际上，方程(2.2.11)表示只缺少一个平面(2.2.10)的平面束).

例 2.2.7　求直线 $\begin{cases}x+y-z-1=0\\ x-y+z+1=0\end{cases}$ 在平面 $x+y+z=0$ 上的投影直线的方程.

解　过直线 $\begin{cases}x+y-z-1=0\\ x-y+z+1=0\end{cases}$ 的平面束的方程为

$$x+y-z-1+\lambda(x-y+z+1)=0$$

即

$$(1+\lambda)x+(1-\lambda)y+(-1+\lambda)z+(-1+\lambda)=0$$

其中 λ 为待定系数. 该平面与平面 $x+y+z=0$ 垂直的条件是

$$(1+\lambda)\cdot 1+(1-\lambda)\cdot 1+(-1+\lambda)\cdot 1=0$$

即 $\lambda=-1$,代入平面束方程,得投影平面方程为

$$2y-2z-2=0$$

即

$$y-z-1=0$$

所以投影直线的方程为

$$\begin{cases} y-z-1=0 \\ x+y+z=0 \end{cases} \quad \text{或} \quad \frac{x+1}{-2}=\frac{y-1}{1}=\frac{z}{1}$$

6. 两条异面直线间的距离及公垂线

通常约定,与两条异面直线 l_1,l_2 都垂直相交的直线,叫作 l_1,l_2 的**公垂线**,公垂线上介于 l_1 和 l_2 之间的线段的长度叫作**这两条异面直线之间的距离**.

已知二异面直线

$$l_1:\overrightarrow{P_1P}=t\boldsymbol{S}_1$$

$$l_2:\overrightarrow{P_2P}=t\boldsymbol{S}_2$$

下面求 l_1,l_2 的公垂线方程.

设公垂线为 l.因为 $l\perp l_1,l\perp l_2$,所以选取 l 的方向向量为

$$\boldsymbol{S}=\boldsymbol{S}_1\times\boldsymbol{S}_2$$

因 l_1,l_2 异面,所以 $\boldsymbol{S}_1,\boldsymbol{S}_2$ 不共面,$\boldsymbol{S}_1\times\boldsymbol{S}_2\neq 0$;因为 l 要与 l_1 相交,所以 l 必在过 l_1 且与 $\boldsymbol{S}$ 平行的平面 α_1 内,故 α_1 的法向量为

$$\boldsymbol{S}_1\times\boldsymbol{S}=\boldsymbol{S}_1\times(\boldsymbol{S}_1\times\boldsymbol{S}_2)$$

α_1 的方程为

$$\overrightarrow{P_1P}\cdot(\boldsymbol{S}_1\times\boldsymbol{S})=0$$

即

$$(\overrightarrow{P_1P},\boldsymbol{S}_1,\boldsymbol{S}_1\times\boldsymbol{S}_2)=0$$

同理,因为 l 要与 l_2 相交,所以 l 必在过 l_2 且与 $\boldsymbol{S}$ 平行的平面 α_2 内,故 α_2 的法向量为

$$\boldsymbol{S}_2\times\boldsymbol{S}=\boldsymbol{S}_2\times(\boldsymbol{S}_1\times\boldsymbol{S}_2)$$

α_2 的方程为

$$\overrightarrow{P_2P}\cdot(\boldsymbol{S}_2\times\boldsymbol{S})=0$$

即

$$(\overrightarrow{P_2P},\boldsymbol{S}_2,\boldsymbol{S}_1\times\boldsymbol{S}_2)=0$$

因为 α_1, α_2 不平行，所以 α_1, α_2 的交线是唯一存在的，α_1, α_2 的交线就是已知二异面直线 l_1, l_2 的公垂线 l，如图 2-9 所示. 故 l_1, l_2 的公垂线 l 的方程为

$$\begin{cases}(\overrightarrow{\boldsymbol{P}_1\boldsymbol{P}}, \boldsymbol{S}_1, \boldsymbol{S}_1 \times \boldsymbol{S}_2) = 0 \\ (\overrightarrow{\boldsymbol{P}_2\boldsymbol{P}}, \boldsymbol{S}_2, \boldsymbol{S}_1 \times \boldsymbol{S}_2) = 0\end{cases}$$

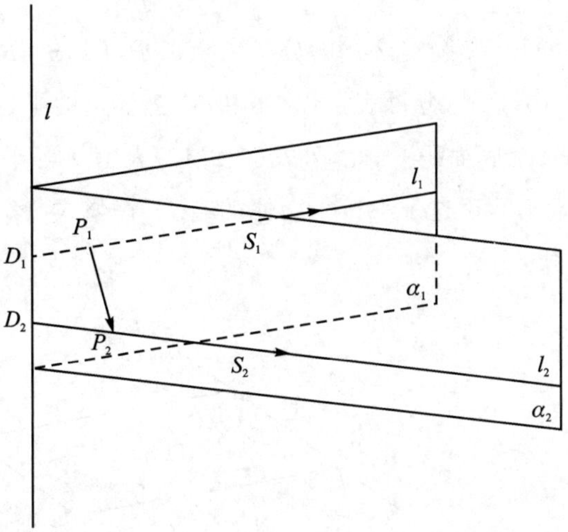

图 2-9

化成坐标形式可得：二异面直线

$$l_1: \frac{x - x_1}{m_1} = \frac{y - y_1}{n_1} = \frac{z - z_1}{p_1}$$

$$l_2: \frac{x - x_2}{m_2} = \frac{y - y_2}{n_2} = \frac{z - z_2}{p_2}$$

的公垂线 l 的方程为

$$\begin{cases}\begin{vmatrix} x - x_1 & y - y_1 & z - z_1 \\ m_1 & n_1 & p_1 \\ m & n & p \end{vmatrix} = 0 \\ \begin{vmatrix} x - x_2 & y - y_2 & z - z_2 \\ m_2 & n_2 & p_2 \\ m & n & p \end{vmatrix} = 0 \end{cases} \tag{2.2.12}$$

此处，$(m, n, p) = (m_1, n_1, p_1) \times (m_2, n_2, p_2)$.

设 l_1, l_2 的公垂线 l 与 l_1 交于 D_1，与 l_2 交于 D_2，则线段 D_1D_2 的长 $|D_1D_2|$

即为 l_1,l_2 间的距离 d.

由图 2－9 中可看出，$|D_1D_2|=|\mathrm{Prj}_s\overrightarrow{P_1P_2}|$，即 $\overrightarrow{P_1P_2}$ 在 l 上的射影的绝对值，于是二异面直线 l_1,l_2 间的距离为

$$d=\frac{|\overrightarrow{P_1P_2}\cdot\boldsymbol{S}|}{|\boldsymbol{S}|}=\frac{|\overrightarrow{P_1P_2},\boldsymbol{S}_1,\boldsymbol{S}_2|}{|\boldsymbol{S}_1\times\boldsymbol{S}_2|}\tag{2.2.13}$$

式(2.2.13)有明显的几何意义：该式的分子表示以 $\overrightarrow{P_1P_2},\boldsymbol{S}_1,\boldsymbol{S}_2$ 为棱的平行六面体的体积，如图 2－10 所示，分母表示以 $\boldsymbol{S}_1$ 和 $\boldsymbol{S}_2$ 为邻边的平行四边形的面积，即上述平行六面体的一个底面积. 因此，公式(2.2.13)表示 d 等于上述平行六面体的体积除以底面积，即 d 等于这个平行六面体的高. 了解公式(2.2.13)的几何意义，有助于记住这个公式.

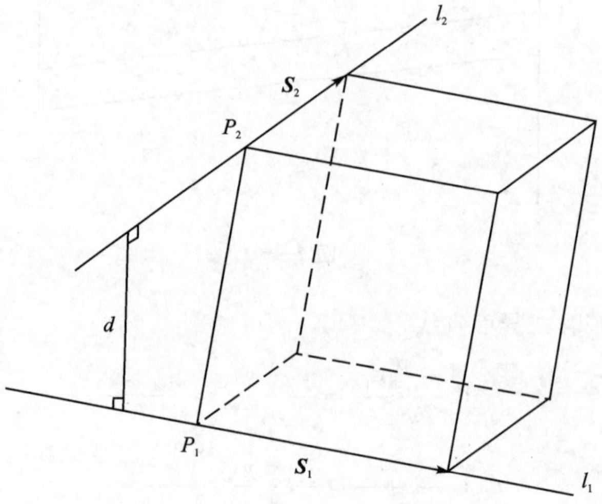

图 2－10

例 2.2.8 已知二直线

$$l_1:\frac{x}{1}=\frac{y-1}{-1}=\frac{z+1}{0}$$

$$l_2:\frac{x+1}{2}=\frac{y-1}{-1}=\frac{z}{2}$$

说明它们异面，并求公垂线方程与距离.

解 由题设知，l_1 上有一点 $P_1(0,1,-1)$，l_1 的方向向量 $\boldsymbol{S}_1=(1,-1,0)$；$l_2$ 上有一点 $P_2(-1,1,0)$，l_2 的方向向量 $\boldsymbol{S}_2=(2,-1,2)$.

(1) $(\overrightarrow{P_1P_2},\boldsymbol{S}_1,\boldsymbol{S}_2)=\begin{vmatrix} -1-0 & 1-1 & 0-(-1) \\ 1 & -1 & 0 \\ 2 & -1 & 2 \end{vmatrix}$

$$=\begin{vmatrix} -1 & 0 & 1 \\ 1 & -1 & 0 \\ 2 & -1 & 2 \end{vmatrix}=3\neq 0$$

所以 l_1,l_2 异面.

(2) $\boldsymbol{S}_1\times\boldsymbol{S}_2=(1,-1,0)\times(2,-1,2)=(-2,-2,1)$. 公垂线的方程为

$$\begin{cases} \begin{vmatrix} x & y-1 & z+z_1 \\ 1 & -1 & 0 \\ -2 & -2 & 1 \end{vmatrix}=0 \\ \begin{vmatrix} x+x_1 & y-1 & z \\ 2 & -1 & 2 \\ -2 & -2 & 1 \end{vmatrix}=0 \end{cases}$$

即

$$\begin{cases} x+y+4z+3=0 \\ x-2y-2z+3=0 \end{cases}$$

(3) $(\overrightarrow{P_1P_2},\boldsymbol{S}_1,\boldsymbol{S}_2)=3$

$$|\boldsymbol{S}_1\times\boldsymbol{S}_2|=\sqrt{(-2)^2+(-2)^2+1^2}=3$$

由距离公式(2.2.13)得 l_1,l_2 的距离为

$$d=\frac{|(\overrightarrow{P_1P_2},\boldsymbol{S}_1,\boldsymbol{S}_2)|}{|\boldsymbol{S}_1\times\boldsymbol{S}_2|}=1$$

例 2.2.9　设异面直线 l_1,l_2

$$l_1:\begin{cases} \dfrac{y}{b}+\dfrac{z}{c}=1 \\ x=0 \end{cases}$$

$$l_2:\begin{cases} \dfrac{x}{a}-\dfrac{z}{c}=1 \\ y=0 \end{cases}$$

距离为 d,则有

$$\frac{4}{d^2}=\frac{1}{a^2}+\frac{1}{b^2}+\frac{1}{c^2}$$

证 把直线 l_1, l_2 写为对称方程，即

$$l_1: \frac{x}{0}=\frac{y}{-b}=\frac{z-c}{c}$$

$$l_1: \frac{x}{a}=\frac{y}{0}=\frac{z+c}{c}$$

它们的距离为

$$d=\frac{\begin{vmatrix} 0 & 0 & 2c \\ 0 & -b & c \\ a & 0 & c \end{vmatrix}}{\sqrt{\begin{vmatrix} -b & c \\ 0 & c \end{vmatrix}^2+\begin{vmatrix} c & 0 \\ c & a \end{vmatrix}^2+\begin{vmatrix} 0 & -b \\ a & 0 \end{vmatrix}^2}}=\frac{2abc}{\sqrt{b^2c^2+c^2a^2+a^2b^2}}$$

即有

$$\frac{4}{d^2}=\frac{1}{a^2}+\frac{1}{b^2}+\frac{1}{c^2}$$

例 2.2.10 求通过点 $P_0(1,1,1)$ 与两直线 $l_1: \frac{x}{1}=\frac{y}{2}=\frac{z}{3}$ 和 $l_1: \frac{x-1}{2}=\frac{y-2}{1}=\frac{z-3}{4}$ 都相交的直线方程.

解 设所求直线 l 的方向为 $\boldsymbol{S}=(m,n,p)$. 由于直线 l 与 l_1, l_2 都相交，可知

$$(\overrightarrow{P_1P_0}, \boldsymbol{S}_1, \boldsymbol{S})=\begin{vmatrix} 1-0 & 1-0 & 1-0 \\ 1 & 2 & 3 \\ m & n & p \end{vmatrix}=0$$

$$(\overrightarrow{P_2P_0}, \boldsymbol{S}_2, \boldsymbol{S})=\begin{vmatrix} 1-1 & 1-2 & 1-3 \\ 2 & 1 & 4 \\ m & n & p \end{vmatrix}=0$$

即

$$\begin{cases} m-2n+p=0 \\ m+2n+p=0 \end{cases}$$

由此可知(m,n,p)平行于$(1,-2,1)\times(1,2,1)$，可得

$$m:n:p=\begin{vmatrix} -2 & 1 \\ 2 & -1 \end{vmatrix}:\begin{vmatrix} 1 & 1 \\ -1 & 1 \end{vmatrix}:\begin{vmatrix} 1 & -2 \\ 1 & 2 \end{vmatrix}=0:1:2$$

所求直线方程为

$$\frac{x-1}{0}=\frac{y-1}{1}=\frac{z-1}{2}$$

本例有另一解法：由于所求直线 l 过点 P_0 且与 l_1 相交，于是直线 l 在 l_1 与点 P_0 决定的平面上. 可写 l_1 与点 P_0 决定的平面方程为

$$\begin{vmatrix} x-0 & y-0 & z-0 \\ 1-0 & 1-0 & 1-0 \\ 1 & 2 & 3 \end{vmatrix}=0$$

即

$$x-2y+z=0$$

同理可得直线 l_2 与点 P_0 决定的平面为

$$x+2y-z-2=0$$

所求直线方程为

$$\begin{cases} x-2y+z=0 \\ x+2y-z=2 \end{cases}$$

例 2.2.11(点到直线的距离)　设 A 是直线 l 外一点，P_0 是 l 上任意一点，**直线的方向向量为 $\boldsymbol{S}$**(如图 2-11)，则 A 到直线 l 的距离为 $d=\dfrac{|\overrightarrow{P_0A}\times\boldsymbol{S}|}{|\boldsymbol{S}|}$.

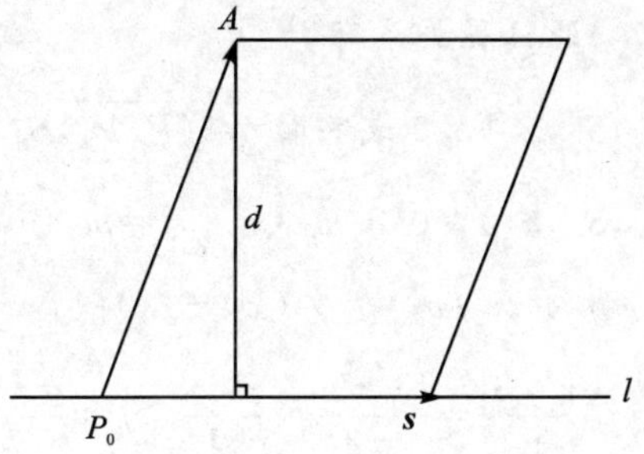

图 2-11

证　由叉积几何意义知，$\overrightarrow{P_0A}\times\boldsymbol{S}$ 表示以 $\overrightarrow{P_0A}$，$\boldsymbol{S}$ 为邻边的平行四边形面积，而 $\dfrac{|\overrightarrow{P_0A}\times\boldsymbol{S}|}{|\boldsymbol{S}|}$ 表示该平行四边形底边上的高. 可知点 A 到直线的距离为

$$d=\frac{|\overrightarrow{P_0A}\times\boldsymbol{S}|}{|\boldsymbol{S}|}$$

由此例可知，设点 $A(a,b,c)$ 在直线 l 外，若 l 方程为

$$\frac{x-x_0}{m}=\frac{y-y_0}{n}=\frac{z-z_0}{p},\quad \boldsymbol{S}=(m,n,p)$$

则点 $A(a,b,c)$ 到直线 l 的距离为

$$d=\frac{|(a-x_0,b-y_0,c-z_0)\times(m,n,p)|}{\sqrt{m^2+n^2+p^2}}$$

7. 两条直线的位置关系

已知二直线

$$l_1:\frac{x-x_1}{m_1}=\frac{y-y_1}{n_1}=\frac{z-z_1}{p_1}$$

$$l_2:\frac{x-x_2}{m_2}=\frac{y-y_2}{n_2}=\frac{z-z_2}{p_2}$$

可记为

$$l_1:\overrightarrow{P_1P}=t\boldsymbol{S}_1$$

$$l_2:\overrightarrow{P_2P}=t\boldsymbol{S}_2$$

两条直线的相关位置取决于 3 个向量 $\boldsymbol{S}_1=(m_1,n_1,p_1)$,$\boldsymbol{S}_2=(m_2,n_2,p_2)$与 $\overrightarrow{P_1P_2}$ 的相互关系,其中 $\overrightarrow{P_1P_2}=(x_2-x_1,y_2-y_1,z_2-z_1)$,可得如下结论.

定理 1 二直线 l_1,l_2 的位置关系有

(1) 异面 $\Leftrightarrow(\overrightarrow{P_1P_2},\boldsymbol{S}_1,\boldsymbol{S}_2)\neq 0$ 或共面 $\Leftrightarrow(\overrightarrow{P_1P_2},\boldsymbol{S}_1,\boldsymbol{S}_2)=0$;

(2) 相交 $\Leftrightarrow(\overrightarrow{P_1P_2},\boldsymbol{S}_1,\boldsymbol{S}_2)=0$ 且 $m_1:n_1:p_1\neq m_2:n_2:p_2$;

(3) 平行 $\Leftrightarrow m_1:n_1:p_1=m_2:n_2:p_2\neq(x_2-x_1):(y_2-y_1):(z_2-z_1)$.

例如,已知两直线 $l_1:\frac{x-3}{1}=\frac{y-5}{-2}=\frac{z-5}{1}$,$l_2:\frac{x+1}{7}=\frac{y+1}{-6}=\frac{z+1}{1}$.计算可知$(\overrightarrow{P_1P_2},\boldsymbol{S}_1,\boldsymbol{S}_2)\neq 0$,它们为异面.

* **定理 2** 两直线

$$l_1:\begin{cases}A_1x+B_1y+C_1z+D_1=0\\A_2x+B_2y+C_2z+D_2=0\end{cases}$$

$$l_2:\begin{cases}A_3x+B_3y+C_3z+D_3=0\\A_4x+B_4y+C_4z+D_4=0\end{cases}$$

在同一平面上(共面)的充要条件是

$$\begin{vmatrix} A_1 & B_1 & C_1 & D_1 \\ A_2 & B_2 & C_2 & D_2 \\ A_3 & B_3 & C_3 & D_3 \\ A_4 & B_4 & C_4 & D_4 \end{vmatrix}=0$$

证明可参阅参考文献[1].

例如,两直线$\begin{cases} x+y=0 \\ z+1=0 \end{cases}$与$\begin{cases} x-y=0 \\ z-1=0 \end{cases}$满足

$$\begin{vmatrix} 1 & 1 & 0 & 0 \\ 0 & 0 & 1 & 1 \\ 1 & -1 & 0 & 0 \\ 0 & 0 & 1 & -1 \end{vmatrix}\neq 0$$

可知,两直线异面(不共面).

习题 2.2

1. 求过点(0,2,4)且与两平面 $x+2z=1$ 和 $y-3z=2$ 都平行的直线方程.

2. 确定下列直线方程:

(1) 求过点(4,−1,3)且平行于直线$\frac{x-3}{2}=\frac{y}{1}=\frac{z-1}{2}$的直线;

(2) 求过两点(1,−1,2),(3,2,7)的直线.

3. 用对称式方程及参数方程表示直线$\begin{cases} x-y+z=1 \\ 2x+y+z=4 \end{cases}$.

4. 求直线$\frac{x-1}{2}=\frac{y+1}{3}=\frac{z-2}{2}$与平面 $x+2y+3z=-1$ 交点.

5. 求过点(2,0,−3)且与直线$\begin{cases} x-2y+4z-7=0 \\ 3x+5y-2z+1=0 \end{cases}$垂直的平面方程.

6. 证明直线$\begin{cases} x+2y-z=7 \\ -2x+y+z=7 \end{cases}$与直线$\begin{cases} 3x+6y-3z=8 \\ 2x-y-z=0 \end{cases}$平行.

7. 求直线$\begin{cases} x+y+3z=0 \\ x-y-z=0 \end{cases}$与平面 $x-y-z+1=0$ 的夹角.

8. 求点(2,1,1)到平面 $x+y-z+1=0$ 的距离.

9. 求直线$\begin{cases}2x-4y+z=0\\3x-y-2z-9=0\end{cases}$在平面 $4x-y+z=1$ 上的投影直线的方程.

10. 求点$(-1,2,0)$在平面 $x+2y-z+1=0$ 上的投影.

11. 确定下列直线与平面的位置关系：

(1) $\dfrac{x+3}{-2}=\dfrac{y+4}{-7}=\dfrac{z}{3}$与 $4x-2y-2z=3$；

(2) $\dfrac{x}{3}=\dfrac{y}{-2}=\dfrac{z}{7}$与 $3x-2y+7z=8$；

(3) $\dfrac{x-2}{3}=\dfrac{y+2}{1}=\dfrac{z-3}{-4}$与 $x+y+z=3$.

12. 求通过点 $A(3,0,0)$和 $B(0,0,1)$且与 xOy 面成$\dfrac{\pi}{3}$角的平面的方程.

13. 求过点$(-1,0,4)$，且平行于平面 $3x-4y+z-10=0$，又与直线$\dfrac{x+1}{1}=\dfrac{y-3}{1}=\dfrac{z}{2}$相交的直线的方程.

14. 求经过直线 L：$\begin{cases}x+5y+z=0\\x-z+4=0\end{cases}$且与平面 $x-4y-8z=8$ 夹成$\dfrac{\pi}{4}$角的平面方程.

15. 求下列点到直线的距离：

(1) 点 $A(1,-1,2)$到直线$\dfrac{x-1}{0}=\dfrac{y+2}{2}=\dfrac{z}{-1}$的距离；

(2) 点 $A(1,2,3)$到直线$\begin{cases}3x+y-4=0\\2x+z-3=0\end{cases}$的距离.

16. 已知两直线 l_1：$\dfrac{x}{1}=\dfrac{y}{-1}=\dfrac{z+1}{0}$和 l_2：$\dfrac{x-1}{1}=\dfrac{y-1}{1}=\dfrac{z-1}{0}$，说明它们异面，并求它们的距离与公垂线方程.

17. 已知两直线 l_1：$\dfrac{x-3}{1}=\dfrac{y-5}{-2}=\dfrac{z-7}{1}$，$l_2$：$\dfrac{x+1}{7}=\dfrac{y+1}{-6}=\dfrac{z+1}{1}$，说明它们异面，并求它们的距离与公垂线上两个垂足坐标.

18. 证明下列各题：

(1) 设原点 O 到平面$\dfrac{x}{a}+\dfrac{y}{b}+\dfrac{z}{c}=1$ 的距离为 p，则有

$$\frac{1}{p^2}=\frac{1}{a^2}+\frac{1}{b^2}+\frac{1}{c^2}$$

（2）设二异面直线 l_1, l_2 距离为 $2h$，

$$l_1:\begin{cases}\dfrac{y}{b}+\dfrac{z}{c}=1\\ x=0\end{cases},\quad l_2:\begin{cases}\dfrac{x}{a}-\dfrac{z}{c}=1\\ y=0\end{cases}$$

则有

$$\frac{1}{h^2}=\frac{1}{a^2}+\frac{1}{b^2}+\frac{1}{c^2}$$

第3章　曲面和曲线

3.1　常见曲面

1. 曲面与方程的概念

如同在平面解析几何中把平面曲线当作动点的轨迹一样，在空间解析几何中，任何曲面都看作点的轨迹.在这样的意义下，如果曲面 S 与三元方程

$$F(x,y,z)=0 \tag{3.1.1}$$

有下述关系：

(1) 曲面 S 上任一点的坐标都满足方程(3.1.1)，

(2) 不在曲面 S 上的点的坐标都不满足方程(3.1.1)，

那么，方程(3.1.1)就叫作**曲面 S 的方程**，而曲面 S 就叫作**方程(3.1.1)的图形**，如图 3－1 所示.

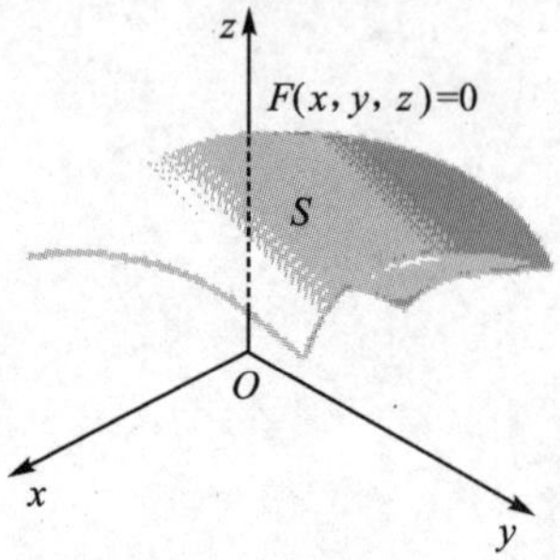

图 3－1

例 3.1.1　建立球心在点 $M_0(x_0,y_0,z_0)$，半径为 R 的球面的方程.

解　设 $M(x,y,z)$ 是球面上的任一点，如图 3－2 所示，那么 $|M_0M|=R$.由于

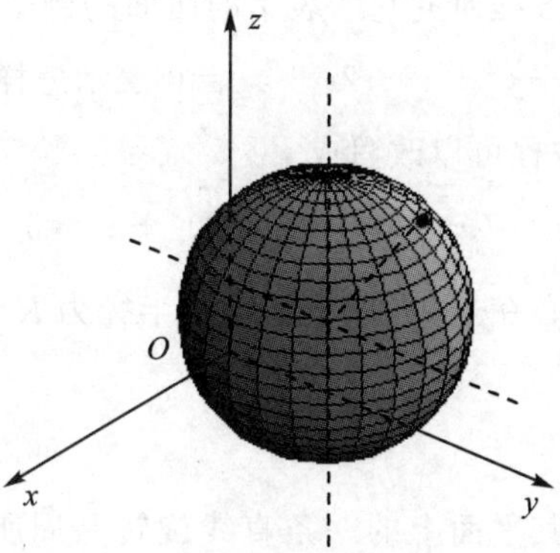

图 3 - 2

$$|M_0M|=\sqrt{(x-x_0)^2+(y-y_0)^2+(z-z_0)^2}$$

所以

$$\sqrt{(x-x_0)^2+(y-y_0)^2+(z-z_0)^2}=R$$

或

$$(x-x_0)^2+(y-y_0)^2+(z-z_0)^2=R^2 \tag{3.1.2}$$

这就是球面上点的坐标所满足的方程. 而不在球面上的点的坐标都不满足该方程. 所以方程(3.1.2)就是以 $M_0(x_0,y_0,z_0)$ 为**球心**,R 为半径的**球面方程**.

如果球心在原点,那么 $x_0=y_0=z_0=0$,从而球面方程变为

$$x^2+y^2+z^2=R^2$$

例 3.1.2　设有点 $A(1,2,3)$ 和 $B(2,-1,4)$,求线段 AB 的垂直平分面的方程.

解　由题意知,所求的平面就是与 A 和 B 等距离的点的轨迹. 设 $M(x,y,z)$ 为所求平面上的任一点,由于 $|AM|=|BM|$,所以

$$\sqrt{(x-1)^2+(y-2)^2+(z-3)^2}=\sqrt{(x-2)^2+(y+1)^2+(z-4)^2}$$

等式两边平方,便得

$$2x-6y+2z-7=0$$

这个方程就是所求平面的方程.

在空间解析几何中关于曲面,有下列两个基本问题:

(1) 已知一曲面作为点的几何轨迹时,建立这个曲面的方程;

(2) 已知坐标 x,y 和 z 间的一个方程时,研究这个方程所表示的曲面的形状.

下面举一个由已知方程研究它所表示的曲面的例子.

例 3.1.3　方程 $x^2+y^2+z^2-2x+4y=0$ 表示怎样的曲面?

解　通过配方,原方程可以改写成

$$(x-1)^2+(y+2)^2+z^2=5$$

由此可知原方程表示球心在点 $M_0(1,-2,0)$、半径为 $R=\sqrt{5}$ 的球面.

2. 旋转曲面

以一条平面曲线绕其平面上的一条直线旋转一周所成的曲面叫作**旋转曲面**,旋转曲线和定直线依次叫作旋转曲面的**母线**和**轴**.

设在 yOz 坐标面上有一已知曲线 C,它的方程为

$$f(y,z)=0$$

把这曲线绕 z 轴旋转一周,就得到一个以 z 轴为轴的旋转曲面,如图 3-3 所示.

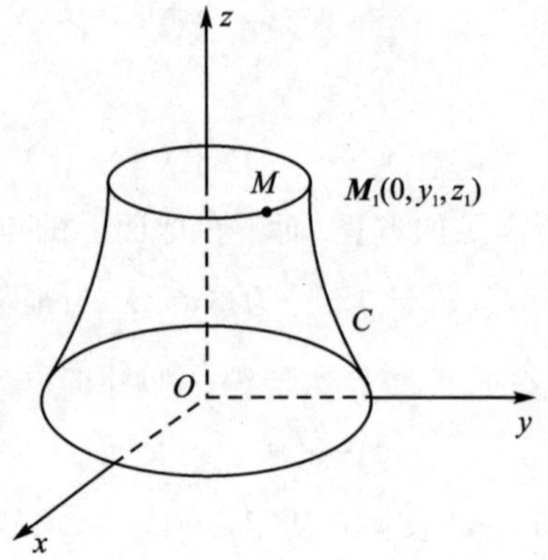

图 3-3

设 $M_1(0,y_1,z_1)$ 为曲线 C 上的任一点,则有

$$f(y_1,z_1)=0 \tag{3.1.3}$$

当曲线 C 绕 z 轴旋转时,点 M_1 绕 z 轴转到另一点 $M(x,y,z)$,这时 $z=z_1$ 保持不变,且点 M 到 z 轴的距离为

$$d=\sqrt{x^2+y^2}=|y_1|$$

将 $z_1=z$, $y_1=\pm\sqrt{x^2+y^2}$ 代入式(3.1.3),有

$$f(\pm\sqrt{x^2+y^2},z)=0 \tag{3.1.4}$$

这就是旋转曲面的方程.

由此可知，在曲线 C 的方程 $f(y,z)=0$ 中将 y 改成 $\pm\sqrt{x^2+y^2}$，便得 C 绕 z 轴旋转所成的旋转曲面方程. 同理，曲线 C 绕 y 轴旋转所成的旋转面的方程为

$$f(y,\pm\sqrt{x^2+z^2})=0 \tag{3.1.5}$$

例 3.1.4　直线 L 绕另一条与 L 相交的直线旋转一周，所得旋转曲面叫作**直圆锥面**. 两直线的交点叫作圆锥面的**顶点**，两直线的夹角 $\alpha\left(0<\alpha<\frac{\pi}{2}\right)$ 叫作圆锥面的**半顶角**. 求顶点在坐标原点 O，旋转轴为 z 轴，半顶角为 α 的圆锥面的方程.

解　如图 3-4 所示，在 yz 坐标面上，直线 L 的方程为

$$z=y\cot\alpha \tag{3.1.6}$$

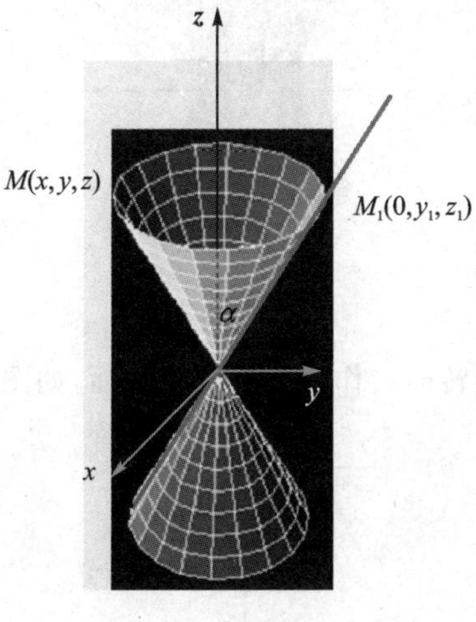

图 3-4

因为旋转轴为 z 轴，所以只要将方程(3.1.6)中的 y 改成 $\pm\sqrt{x^2+y^2}$，可得到该圆锥面的方程

$$z=\pm\sqrt{x^2+y^2}\cot\alpha$$

可写为圆锥方程

$$z^2=b^2(x^2+y^2),\ b=\cot\alpha$$

特别地，以 z 轴为旋转轴，原点为顶点，**半顶角**为 α 的**直圆锥面的方程**为

$$x^2+y^2=z^2\tan^2\alpha$$

例如，若**顶角** $\alpha=\frac{\pi}{4}(\tan\alpha=1)$，可得**直圆锥面方程**为

$$x^2+y^2=z^2 \quad 或 \quad z=\pm\sqrt{x^2+y^2}$$

例 3.1.5 将 xz 面上双曲线 $\frac{x^2}{a^2}-\frac{z^2}{c^2}=1$ 分别绕 z 轴和 x 轴旋绕，求旋转面的方程.

解 绕 z 轴旋转所成的旋转曲面叫作**旋转单叶双曲面**，如图 3-5 所示，它的方程为

$$\frac{x^2+y^2}{a^2}-\frac{z^2}{c^2}=1$$

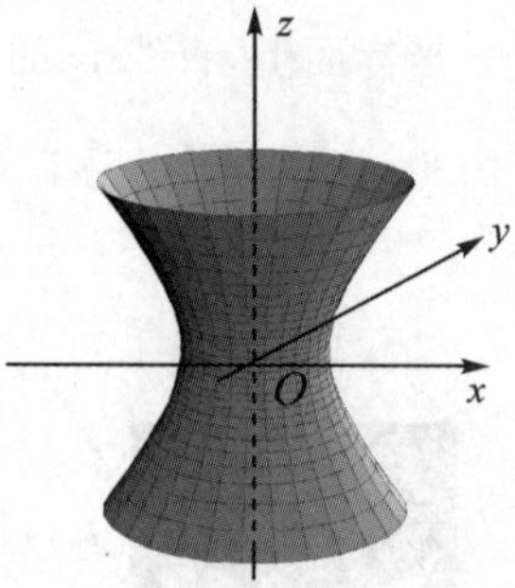

图 3-5

绕 x 轴旋转所成的旋转面叫作**旋转双叶双曲面**，如图 3-6 所示，它的方程为

$$\frac{x^2}{a^2}-\frac{y^2+z^2}{c^2}=1$$

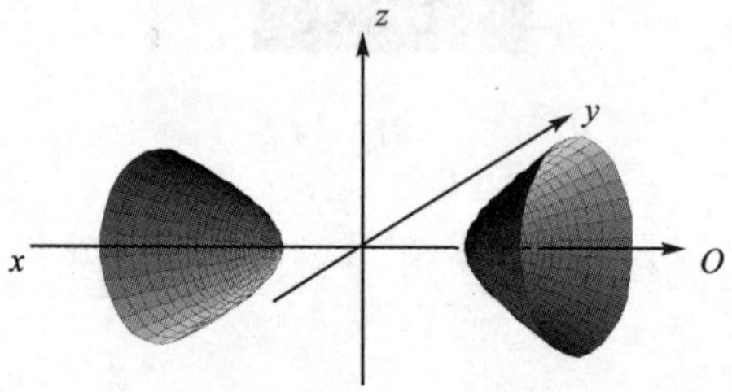

图 3-6

3. 柱　面

首先讨论一个例子：方程 $x^2+y^2=R^2$ 表示怎样的曲面？

解 $x^2+y^2=R^2$ 在 xOy 面上表示圆心在原点、半径为 R 的圆 C. 在空间直角坐标系中，这方程不含竖坐标 z，即不论点的竖坐标 z 怎样，只要它的前两个坐标 x 和 y 能满足方程，那么这些点就在曲面上. 若直线 l 通过 xOy 面内圆 C 上一点

$M(x,y,0)$，且平行于 z 轴，则 l 在这曲面上，因此，这曲面可以看作是由平行于 z 轴的直线 l 沿 xOy 面上的圆 C 移动而形成的. 这种曲面叫作圆柱面，如图 3－7 所示. xOy 面上的圆 C 叫作它的**准线**，平行于 z 轴的直线 l 叫作它的**母线**.

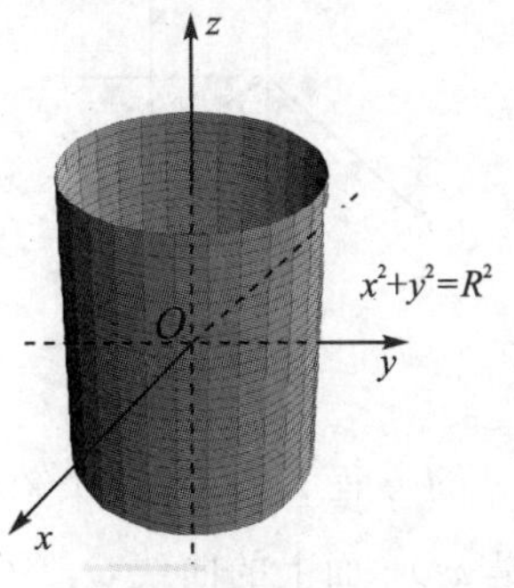

图 3－7

一般地，平行于定直线 l_0 并沿定曲线 C 移动的直线 L 形成的轨迹叫作**柱面**，定曲线 C 叫作**柱面的准线**，动直线 L 叫作**柱面的母线**.

由此可以看到，不含 z 的方程 $x^2+y^2=R^2$ 在空间直角坐标系中表示圆柱面，它的母线平行于 z 轴，它的准线是 xOy 面上的圆 $x^2+y^2=R^2$.

类似可知，方程 $y^2=2x$ 表示母线平行于 z 轴的柱面，它的准线是 xOy 面上的抛物线 $y^2=2x$，该柱面叫作抛物柱面，如图 3－8 所示.

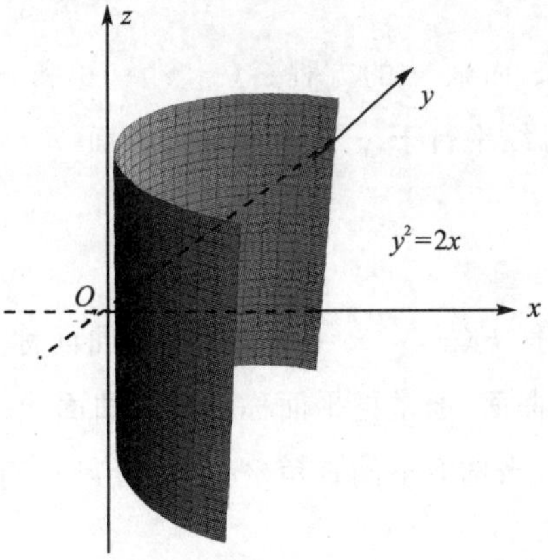

图 3－8

又如，方程 $x-y=0$ 表示母线平行于 z 轴的柱面，其准线是 xOy 面上的直线 $x-y=0$，所以它是过 z 轴的平面，如图 3－9 所示.

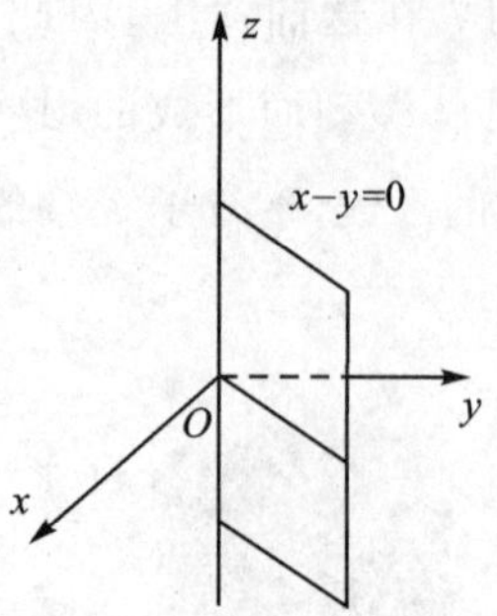

图 3 - 9

一般地,只含 x,y 而缺 z 的方程 $F(x,y)=0$ 在空间直角坐标系中表示母线平行于 z 轴的柱面,其准线是 xOy 面上的曲线 $C:F(x,y)=0$,如图 3 - 10 所示.

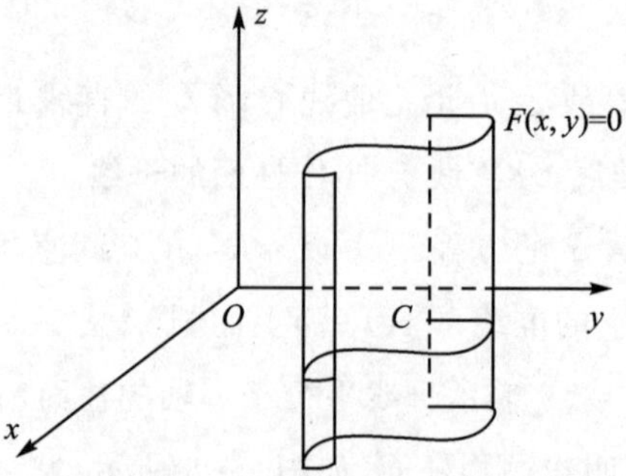

图 3 - 10

类似可知,只含 x,z 而缺 y 的方程 $G(x,z)=0$ 和只含 y,z 而缺 x 的方程 $H(y,z)=0$ 分别表示母线平行于 y 轴和 x 轴的柱面.

4. 二次曲面

我们把三元二次方程 $F(x,y,z)=0$ 所表示的曲面称为**二次曲面**,即一个二次方程表示的曲面叫**二次曲面**,通常把平面称为**一次曲面**.

二次曲面有 9 种,适当选取空间直角坐标系,可得它们的标准方程.

(1) 椭圆锥面 $\frac{x^2}{a^2}+\frac{y^2}{b^2}=z^2$

方程 $\frac{x^2}{a^2}+\frac{y^2}{b^2}=z^2$ 表示的曲面称为**椭圆锥面**. 曲面关于三个坐标面、三个坐标轴及原点都是对称的,它的图形范围是无界的,如图 3 - 11 所示.

以垂直 z 轴的平面 $z=t$ 截此曲面，当 $t\neq 0$ 时，得平面 $z=t$ 上的椭圆.

$$\frac{x^2}{(at)^2}+\frac{y^2}{(bt)^2}=1$$

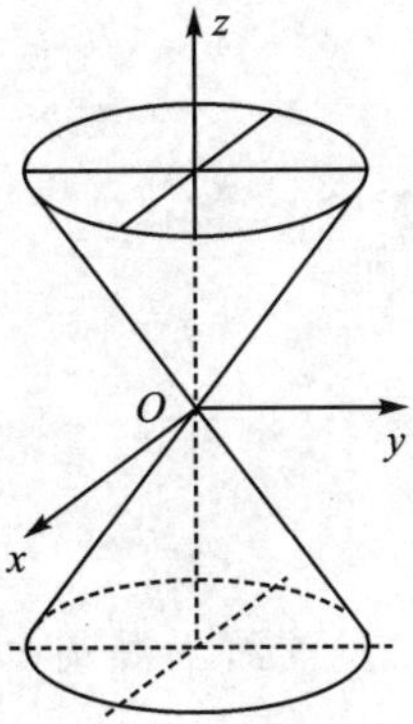

图 3-11

当 t 变化时，上式表示一族长短轴比例不变的椭圆. 当 $|t|$ 从大到小并变为 0 时，这族椭圆从大到小并缩为一点. 由上述讨论可知，椭圆锥面的形状如图 3-11 所示.

平面 $z=t$ 与曲面 $F(x,y,z)=0$ 的交线称为**截痕**. 通过截痕的变化来了解曲面形状的方法称为**截痕法**.

(2) 椭球面 $\frac{x^2}{a^2}+\frac{y^2}{b^2}+\frac{z^2}{c^2}=1$（$a,b,c$ 为正数）

方程 $\frac{x^2}{a^2}+\frac{y^2}{b^2}+\frac{z^2}{c^2}=1$ 表示的曲面称为**椭球面**. 可用截痕法观察它的结构，其形状如图 3-12 所示. 曲面关于三个坐标面、三个坐标轴及原点都是对称的，它的图形范围是**有界的**. 它的形象是一个压扁的**旋转椭球面**.

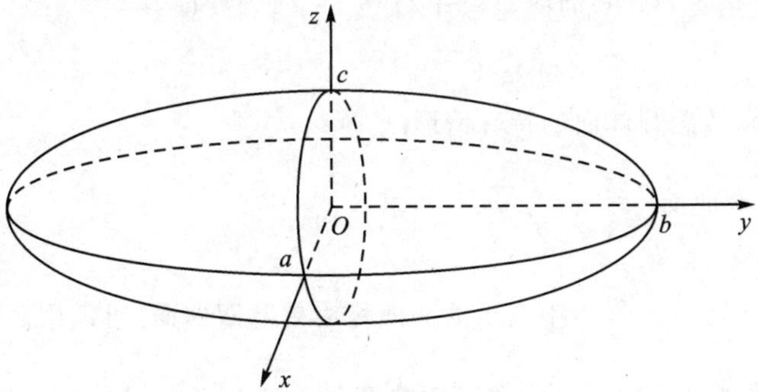

图 3-12

当$a=b$(或$a=c$或$b=c$)时,曲面是旋转椭球面.例如,把yz面上椭圆$\frac{y^2}{a^2}+\frac{z^2}{c^2}=1$绕$z$轴旋转,可得**旋转椭球面**,其方程为$\frac{x^2+y^2}{a^2}+\frac{z^2}{c^2}=1$.可知椭球有如下性质:

① 范围:$|x|\leqslant a$,$|y|\leqslant b$,$|z|\leqslant c$.

② 与坐标面的交线为椭圆,即

$$\begin{cases}\frac{x^2}{a^2}+\frac{y^2}{b^2}=1\\ z=0\end{cases},\quad \begin{cases}\frac{y^2}{b^2}+\frac{z^2}{c^2}=1\\ x=0\end{cases},\quad \begin{cases}\frac{x^2}{a^2}+\frac{z^2}{c^2}=1\\ y=0\end{cases}$$

③ 截痕:与$z=z_1$($|z_1|<c$)的交线为椭圆,如图3-13所示.

$$\begin{cases}\dfrac{x^2}{\frac{a^2}{c^2}(c^2-z_1{}^2)}+\dfrac{y^2}{\frac{b^2}{c^2}(c^2-z_1{}^2)}=1\\ z=z_1\end{cases}$$

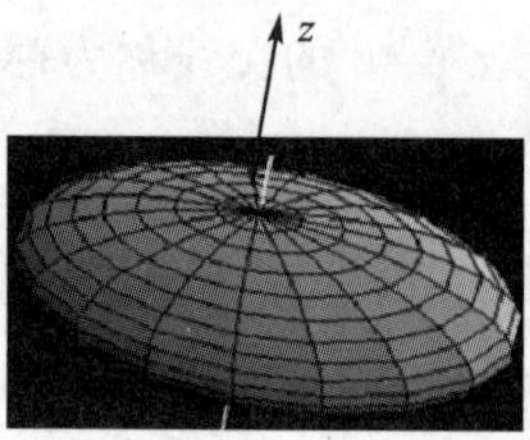

图3-13

同样,与$y=y_1$($|y_1|\leqslant b$)及$x=x_1$($|x_1|\leqslant a$)的截痕也为椭圆.

④ 当$a=b$时为旋转椭球面;当$a=b=c$时为球面,即

$$x^2+y^2+z^2=a^2$$

显然,球面是旋转椭圆球面的特殊情形.

(3) 单叶双曲面 $\frac{x^2}{a^2}+\frac{y^2}{b^2}-\frac{z^2}{c^2}=1$

方程$\frac{x^2}{a^2}+\frac{y^2}{b^2}-\frac{z^2}{c^2}=1$表示的曲面称为**单叶双曲面**.可以用截痕法讨论它的结构,其形状如图3-14所示.单叶双曲面关于三个坐标面、三个坐标轴及原点都是对称的,图形可以无限延伸扩展,它的形象是一个压扁的旋转单叶双曲面.

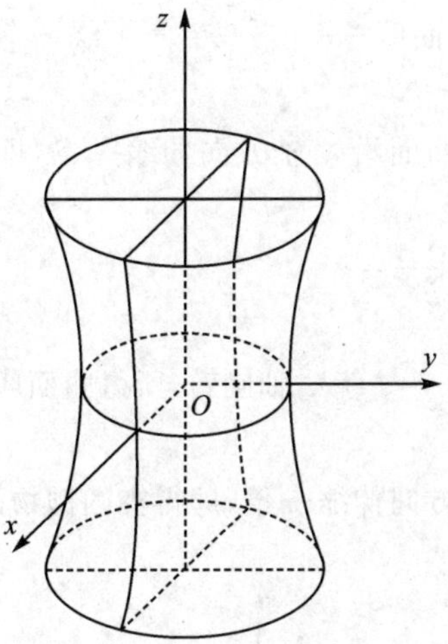

图 3－14

把 xz 面上的双曲线 $\frac{x^2}{a^2}-\frac{z^2}{c^2}=1$ 绕 z 轴旋转，得旋转单叶双曲面 $\frac{x^2+y^2}{a^2}-\frac{z^2}{c^2}=1$，如图 3－14 所示. 把此曲面沿 y 轴方向伸缩 $\frac{b}{a}$ 倍，可得单叶双曲面.

(4) 双叶双曲面 $\frac{x^2}{a^2}+\frac{y^2}{b^2}-\frac{z^2}{c^2}=-1$

由方程 $\frac{x^2}{a^2}+\frac{y^2}{b^2}-\frac{z^2}{c^2}=-1$ 表示的曲面称为**双叶双曲面**. 可以用截痕法对它进行讨论，其形状如图 3－15 所示. 曲面分为两叶，其形象是一个压扁的旋转双叶

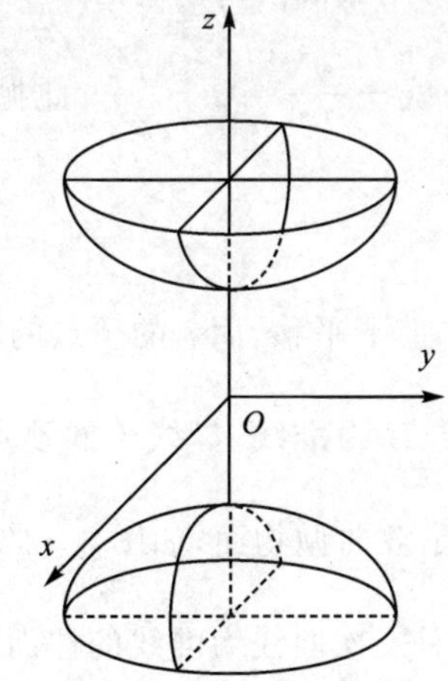

图 3－15

双曲面. 例如，把 yz 面上双曲线 $\frac{y^2}{a^2}-\frac{z^2}{c^2}=-1$ 绕 z 轴旋转，得旋转双叶双曲面 $\frac{x^2+y^2}{a^2}-\frac{z^2}{c^2}=-1$. 把此曲面沿 y 轴方向伸缩 $\frac{b}{a}$ 倍，即得双叶双曲面.

(5) 椭圆抛物面 $\frac{x^2}{a^2}+\frac{y^2}{b^2}=z$

把 xz 面上的抛物线 $\frac{x^2}{a^2}=z$ 绕 z 轴旋转，所得曲面叫作**旋转抛物面**，如图 3－16 所示. 把此旋转曲面沿 y 轴方向伸缩 $\frac{b}{a}$ 倍，即得**椭圆抛物面**.

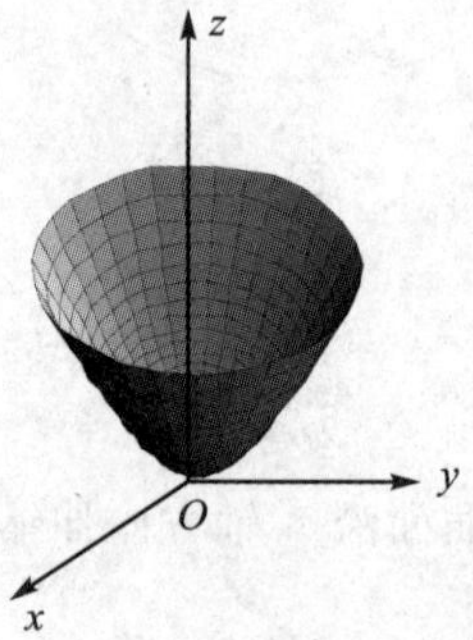

图 3－16

(6) 双曲抛物面 $\frac{x^2}{a^2}-\frac{y^2}{b^2}=z$

双曲抛物面又称**马鞍面**，可用截痕法讨论它的形状. 用平面 $x=t$ 截此曲面，得截痕 l 为平面 $x=t$ 上的抛物线 $-\frac{y^2}{b^2}=z-\frac{t^2}{a^2}$，此抛物线开口朝下，其顶点为 $x=t, y=0, z=\frac{t^2}{a^2}$.

当 t 变化时，l 的位置只作上下平移，而 l 的顶点的轨迹 L 为平面 $y=0$ 上的抛物线 $z=\frac{x^2}{a^2}$. 因此以 l 为母线，L 为准线，母线 l 的顶点在准线 L 上滑动，且母线平行移动，这样得到的曲面便是双曲抛物面，如图 3－17 所示.

还有 3 种二次曲面是以 3 种二次曲线为准线的柱面 $\frac{x^2}{a^2}+\frac{y^2}{b^2}=1$，$\frac{x^2}{a^2}-\frac{y^2}{b^2}=1$，$x^2=ay$，依次称为**椭圆柱面**、**双曲柱面**、**抛物柱面**. 柱面的形状在前面已经讨论

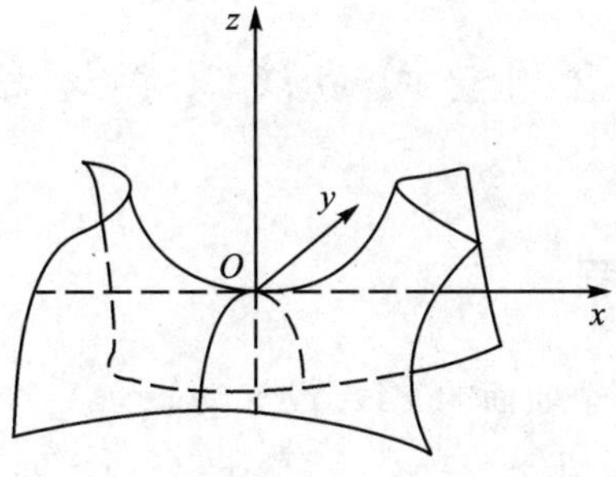

图 3－17

过，这里不再重述.

习题 3.1

1. 方程 $x^2+y^2+z^2-2x+4y+2z=0$ 表示什么曲面？

2. 一动点与两定点(2,3,1)和(4,5,6)等距离，求该动点的轨迹方程.

3. 将 xOy 坐标面上双曲线 $4x^2-9y^2=36$ 分别绕 x 轴及 y 轴旋转，求所生成的旋转曲面方程.

4. 指出下列方程在平面解析几何中和在空间解析几何中分别表示什么图形：

(1) $x=2$；

(2) $x^2+y^2=4$；

(3) $x^2-y^2=1$.

5. 说明下列旋转曲面是怎样形成的：

(1) $x^2-y^2-z^2=1$；

(2) $x^2-\dfrac{y^2}{4}+z^2=1$；

(3) $(z-a)^2=x^2+y^2$.

6. 指出下列旋转面的母线和旋转轴：

(1) $z=2(x^2+y^2)$；

(2) $z^2=3(x^2+y^2)$.

7. 画出方程 $4x^2+y^2-z^2=4$ 所表示的曲面.

3.2 空间曲线及其方程

1. 空间曲线的一般方程

空间曲线可以看作两个曲面的交线. 设 $F(x,y,z)=0$ 和 $G(x,y,z)=0$ 是两个曲面的方程，它们的交线为 C，如图 3-18 所示. 因为曲线 C 上的任何点的坐标应同时满足这两个曲面的方程，所以应满足方程组

$$\begin{cases} F(x,y,z)=0 \\ G(x,y,z)=0 \end{cases} \tag{3.2.1}$$

方程组(3.2.1)叫作**空间曲线 C 的一般方程**.

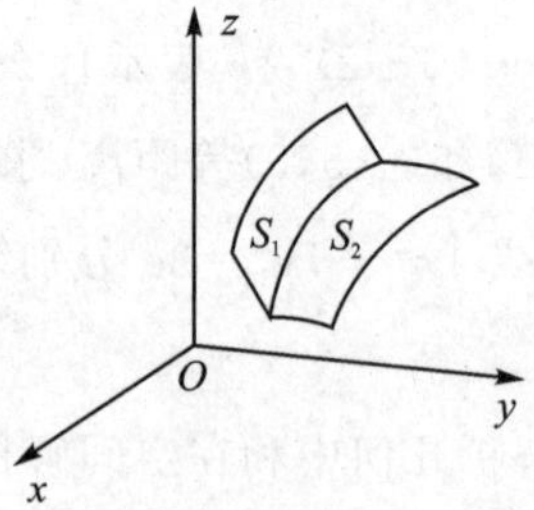

图 3-18

例 3.2.1 方程组 $\begin{cases} x^2+y^2=1 \\ x+z=6 \end{cases}$ 表示怎样的曲线？

解 方程组中第一个方程表示母线平行于 z 轴的圆柱面，方程组中第二个方程表示一个平面. 方程组就表示上述平面与圆柱面的交线，如图 3-19 所示.

例 3.2.2 下列方程组表示怎样的曲线？

$$\begin{cases} z=\sqrt{a^2-x^2-y^2} \\ \left(x-\dfrac{a}{2}\right)^2+y^2=\left(\dfrac{a}{2}\right)^2 \end{cases}$$

解 方程组中第一个方程表示球心在坐标原点 O，半径为 a 的上半球面. 第二个方程表示母线平行于 z 轴的圆柱面，它的准线是 xOy 面上的圆，该圆的圆心在

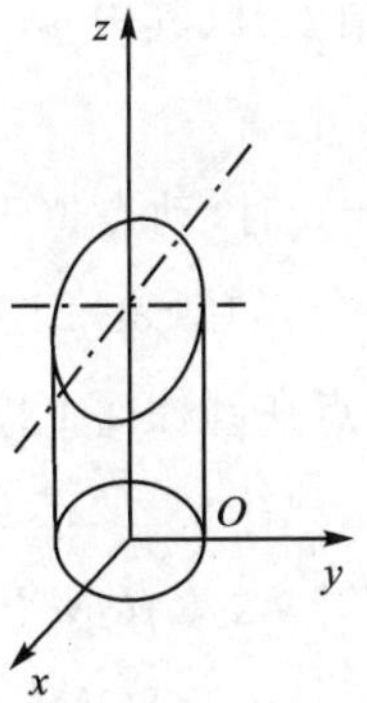

图 3－19

点$\left(\frac{a}{2},0\right)$，半径为$\frac{a}{2}$. 方程组就表示上述半球面与圆柱面的交线，如图 3－20 所示.

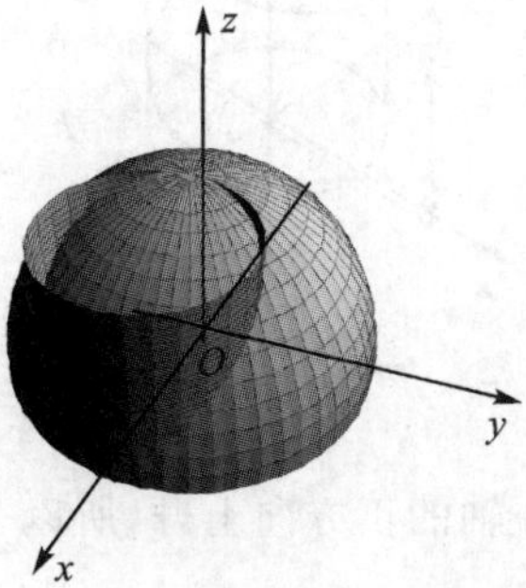

图 3－20

2. 空间曲线的参数方程

空间曲线 C 上的动点 $M(x,y,z)$ 的坐标也可用参数写成参数 t 的函数

$$\begin{cases} x=x(t), \\ y=y(t), \quad a\leqslant t\leqslant b \\ z=z(t), \end{cases} \tag{3.2.2}$$

写成**向量形式**为

$$\boldsymbol{r}(t)=(x(t),y(t),z(t)) \tag{3.2.3}$$

随着 t 的变动可得曲线 C 上的全部点. 方程(3.2.2)叫作**空间曲线的参数方程**.

例 3.2.3　设空间一点 M 在圆柱面 $x^2+y^2=a^2$ 上以角速度 ω 绕 z 轴旋转，

同时又以线速度 ν 沿 z 轴的正方向上升(其中 ω,ν 都是常数),那么点 M 构成的图形叫作**螺旋线**.求其参数方程.

解 取时间 t 为参数.设当 $t=0$ 时,动点位于 x 轴上的一点 $A(a,0,0)$处.经过时间 t,动点 A 运动到$M(x,y,z)$,如图 3-21 所示.记 M 在 xOy 面上的投影为 M',M'的坐标为$(x,y,0)$.由于动点在圆柱面上以角速度 ω 绕 z 轴旋转,经过时间 t 得,$\angle AOM'=\omega t$,从而

$$x=|OM'|\cos\angle AOM'=a\cos\omega t$$

$$y=|OM'|\sin\angle AOM'=a\sin\omega t$$

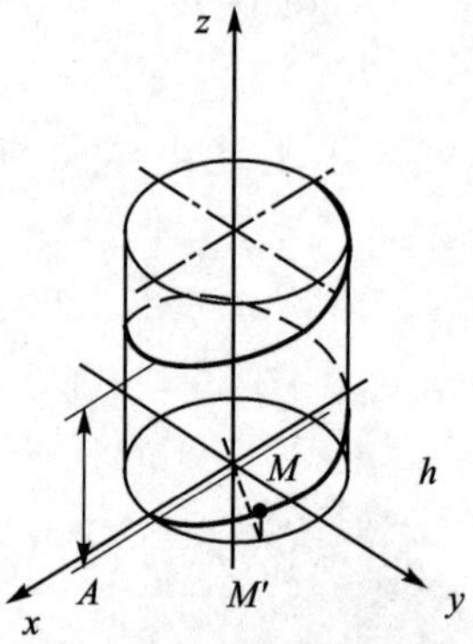

图 3-21

由于动点同时以线速度 ν 沿 z 轴的正方向上升,所以

$$z=M'M=\nu t$$

因此,螺旋线的参数方程为

$$\begin{cases}x=a\cos\omega t\\y=a\sin\omega t\\z=\nu t\end{cases}$$

也可以用其他变量作参数.例如,令 $\theta=\omega t$,则螺旋线的参数方程可写为

$$\begin{cases}x=a\cos\theta\\y=a\sin\theta\\z=b\,\theta\end{cases}$$

这里 $b=\dfrac{\nu}{\omega}$,而参数为 θ.

螺旋线有一个重要性质:当 θ 从 θ_0 变到 $\theta_0+\alpha$ 时,z 轴由 $b\theta_0$ 变成 $b\theta_0+b\alpha$.这

说明当 OM' 转过角 α 时，M 点沿螺旋线上升了高度 $b\alpha$，即上升的高度与 OM' 转过的角度成正比. 特别是当 OM' 转过一周，即 $\alpha=2\pi$ 时，M 点就上升固定的高度 $h=2\pi b$. 这个高度 $h=2\pi b$ 在工程技术上叫作**螺距**.

3. 曲面的参数方程

曲面的参数方程通常是含两个参数的方程，形式为

$$\begin{cases}x=x(s,t)\\y=y(s,t)\\z=z(s,t)\end{cases} \tag{3.2.4}$$

写成向量形式为

$$\boldsymbol{r}(s,t)=(x(s,t),y(s,t),z(s,t)) \tag{3.2.5}$$

特别地，设空间曲线 Γ

$$\begin{cases}x=x(t)\\y=y(t),\quad a\leqslant t\leqslant b\\z=z(t)\end{cases} \tag{3.2.6}$$

绕 z 轴旋转，可得旋转曲面的方程为

$$\begin{cases}x=\sqrt{[x(t)]^2+[y(t)]^2}\cos\theta\\y=\sqrt{[x(t)]^2+[y(t)]^2}\sin\theta,\quad a\leqslant t\leqslant b,0\leqslant\theta\leqslant 2\pi\\z=z(t)\end{cases} \tag{3.2.7}$$

这是因为，固定一个 t，得 Γ 上一点 $M_1(x(t),y(t),z(t))$，点 M_1 绕 z 轴旋转，得空间的一个圆，该圆在平面 $z=z(t)$ 上，其半径等于点 M_1 到 z 轴的距离 $\sqrt{[x(t)]^2+[y(t)]^2}$，因此，固定 t 的方程(3.2.7)就是该圆的参数方程. 再令 t 在 $[a,b]$ 变动，方程(3.2.7)便是旋转曲面的方程.

例如，利用公式(3.2.7)可知直线"Γ: $x=1$, $y=t$, $z=2t$"绕 z 轴旋转的旋转面(图 3-22)的参数方程为

$$\begin{cases}x=\sqrt{1+t^2}\cos\theta\\y=\sqrt{1+t^2}\sin\theta\\z=2t\end{cases}$$

上式中消去 t 和 θ，得曲面的普通方程 $x^2+y^2=1+\dfrac{z^2}{4}$（**单叶双曲面**）.

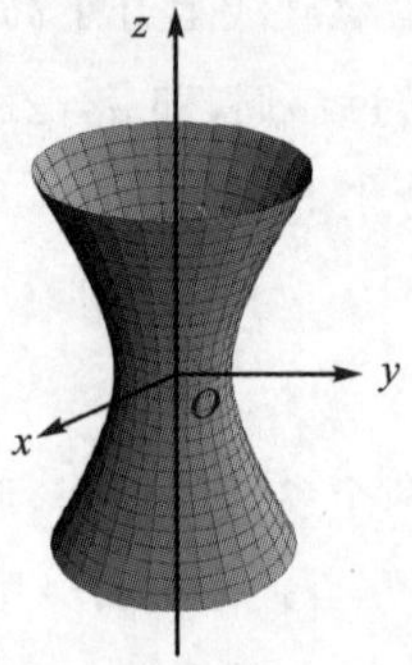

图 3-22

例 3.2.4 写出球面 $x^2+y^2+z^2=a^2$ 的参数方程,如图 3-23 所示.

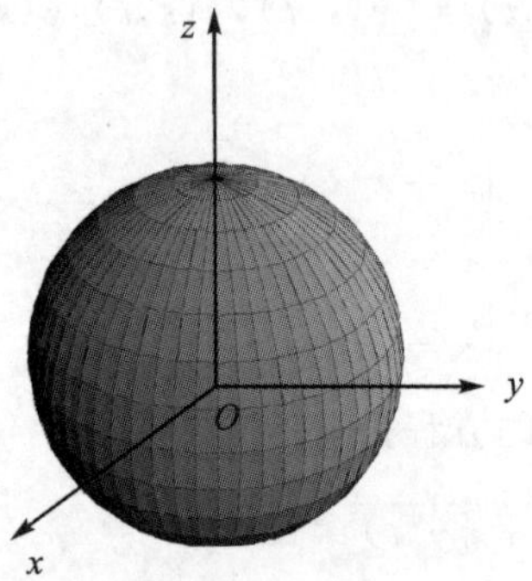

图 3-23

解 球面 $x^2+y^2+z^2=a^2$ 可由 yz 面上的半圆周($y^2+z^2=a^2$),它的参数方程为

$$\begin{cases} x=0 \\ y=a\sin\varphi, \quad 0\leqslant\varphi\leqslant\pi \\ z=a\cos\varphi \end{cases}$$

绕 z 轴旋转所得,根据公式(3.2.7)可得球面参数方程

$$\begin{cases} x=a\sin\varphi\cos\theta \\ y=a\sin\varphi\sin\theta, \quad 0\leqslant\varphi\leqslant\pi, 0\leqslant\theta\leqslant 2\pi \\ z=a\cos\varphi \end{cases}$$

4. 空间曲线在坐标面上的投影

设空间曲线 C 的一般方程为

$$\begin{cases} F(x,y,z)=0 \\ G(x,y,z)=0 \end{cases} \tag{3.2.8}$$

现在来研究由方程组(3.2.8)消去变量 z 后所得的方程

$$H(x,y)=0 \tag{3.2.9}$$

由于方程(3.2.9)是由方程组(3.2.8)消去 z 后得到的结果,因此当 x,y 和 z 满足方程组(3.2.8)时,前两个数 x,y 必定满足方程(3.2.9),这说明曲线 C 上的所有点都在由方程(3.2.9)所表示的曲面上.

由上节知道,方程(3.2.9)表示一个母线平行于 z 轴的柱面.由上述的讨论可知,该柱面必定包含曲线 C.以曲线 C 为准线、母线平行于 z 轴(垂直于 xOy 面)的柱面叫作曲线 C 关于 xOy 面的**投影柱面**.投影柱面与 xOy 面的交线叫作空间曲线 C 在 xOy 面上的**投影曲线**,或简称**投影**.因此,方程(3.2.9)所表示的柱面必定包含投影柱面,而方程

$$\begin{cases} H(x,y)=0 \\ z=0 \end{cases}$$

所表示的曲线必定包含空间曲线 C 在 xOy 面上的投影.

同理,消去方程组(3.2.8)中的变量 x 或变量 y,分别和 $x=0$ 或 $y=0$ 联立,就可得到曲线 C 在 yOz 面或 xOz 面上的投影的曲线方程

$$\begin{cases} R(y,z)=0 \\ x=0 \end{cases} \quad \text{或} \quad \begin{cases} T(x,z)=0 \\ y=0 \end{cases}$$

例 3.2.5　已知两球面的方程为

$$x^2+y^2+z^2=1 \tag{3.2.10}$$

和

$$x^2+(y-1)^2+(z-1)^2=1 \tag{3.2.11}$$

求它们的交线 C 在 xOy 面上的投影方程.

解　先求包含交线 C 而母线平行于 z 轴的柱面方程,因此要由方程(3.2.10),(3.2.11)消去 z.为此可先从(3.2.10)式减去(3.2.11)式并简化,得到

$$y+z=1$$

再以 $z=1-y$ 代入方程(3.2.10)或(3.2.11)即得所求的柱面方程为

$$x^2+2y^2-2y=0$$

容易看出,这就是交线 C 在 xOy 面的投影柱面方程,于是两球面的交线在

xOy 面上的投影方程是

$$\begin{cases} x^2+2y^2-2y=0 \\ z=0 \end{cases}$$

在重积分和曲面积分的计算中,往往需要确定一个立体或曲面在坐标面上的投影,这时要利用投影柱面和投影曲线.

例 3.2.6 设一个立体由上半球面 $z=\sqrt{4-x^2-y^2}$ 和锥面 $z=\sqrt{3(x^2+y^2)}$ 所围成,如图 3-24 所示.求它在 xOy 面上的投影.

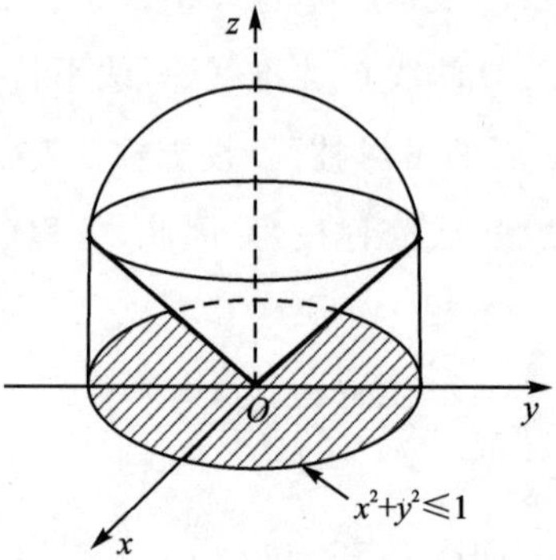

图 3-24

解 半球面和锥面的交线为

$$C:\begin{cases} z=\sqrt{4-x^2-y^2} \\ z=\sqrt{3(x^2+y^2)} \end{cases}$$

由上列方程组消去 z,得到 $x^2+y^2=1$.这是一个母线平行于 z 轴的圆柱面.容易看出,这恰好是交线 C 关于 xOy 面的投影柱面,因此交线 C 在 xOy 面上的投影曲线为

$$\begin{cases} x^2+y^2=1 \\ z=0 \end{cases}$$

这是 xOy 面上的一个圆.所求立体在 xOy 面上的投影,就是该圆在 xOy 面上所围的部分 $x^2+y^2\leqslant 1$.

附注:二次曲面标准方程

我们把二次曲面标准方程的所有情形(共 17 类)列成如下表格.

	标准方程	曲面名称	图　形
1	$\frac{x^2}{a^2}+\frac{y^2}{b^2}+\frac{z^2}{c^2}=1$	椭球面	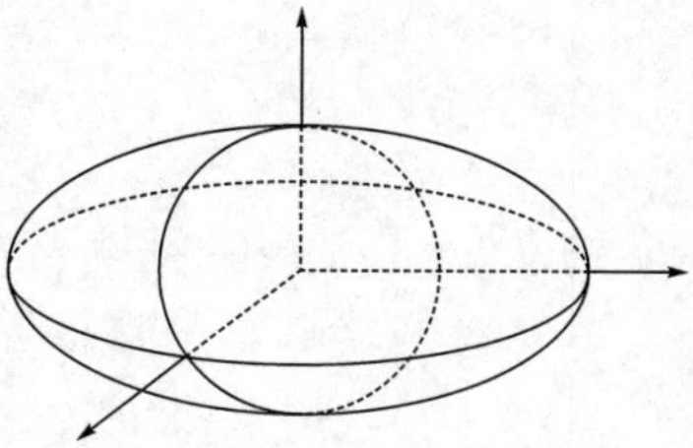
2	$\frac{x^2}{a^2}+\frac{y^2}{b^2}+\frac{z^2}{c^2}=-1$	虚椭球面	无实图形
3	$\frac{x^2}{a^2}+\frac{y^2}{b^2}+\frac{z^2}{c^2}=0$	点	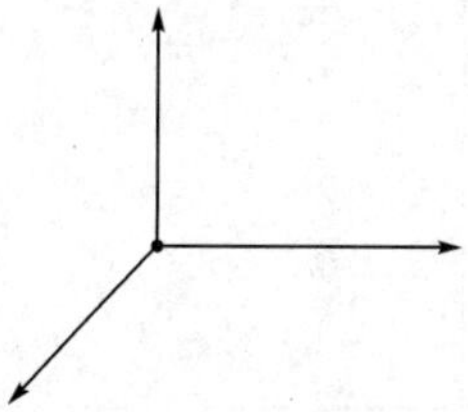
4	$\frac{x^2}{a^2}+\frac{y^2}{b^2}-\frac{z^2}{c^2}=1$	单叶双曲面	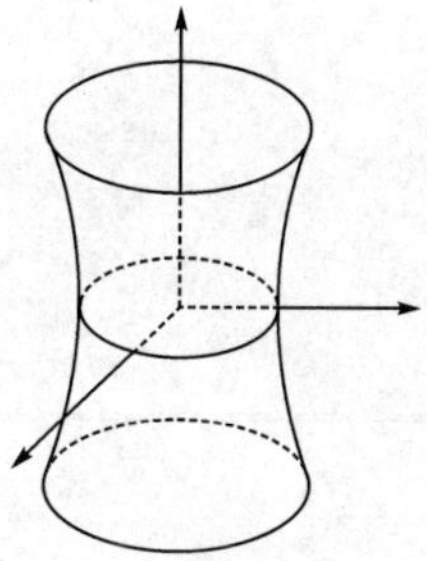
5	$\frac{x^2}{a^2}+\frac{y^2}{b^2}-\frac{z^2}{c^2}=-1$	双叶双曲面	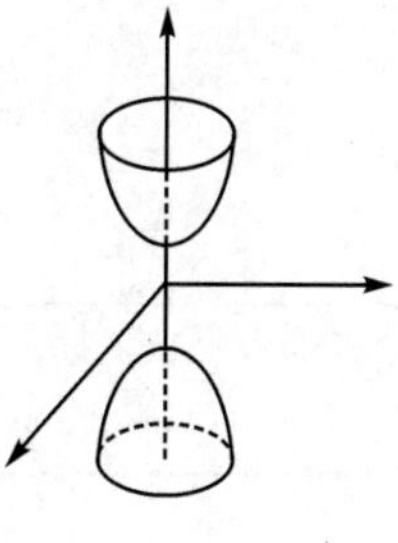

续表

	标准方程	曲面名称	图 形
6	$\frac{x^2}{a^2}+\frac{y^2}{b^2}-\frac{z^2}{c^2}=0$	二次锥面	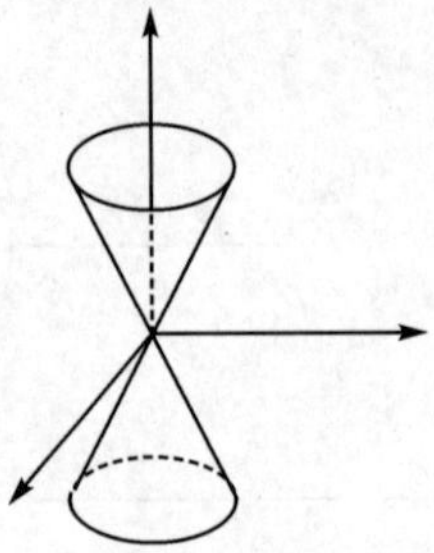
7	$\frac{x^2}{a^2}+\frac{y^2}{b^2}=2z$	椭圆抛物面	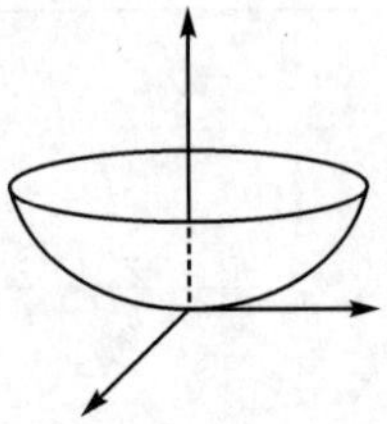
8	$\frac{x^2}{a^2}-\frac{y^2}{b^2}=2z$	双曲抛物面	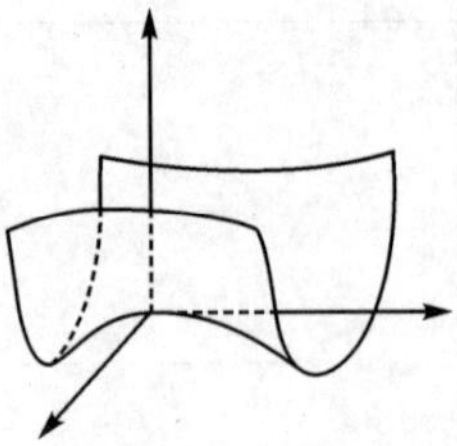
9	$\frac{x^2}{a^2}+\frac{y^2}{b^2}=1$	椭圆柱面	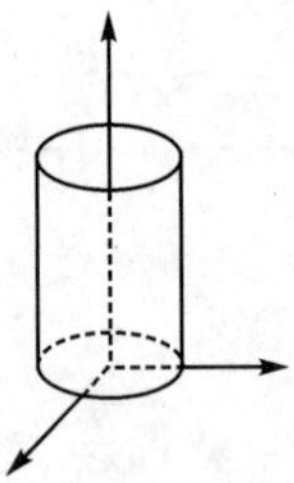
10	$\frac{x^2}{a^2}+\frac{y^2}{b^2}=-1$	虚椭圆柱面	无实图形

续表

	标准方程	曲面名称	图　形
11	$\frac{x^2}{a^2}+\frac{y^2}{b^2}=0$	直线	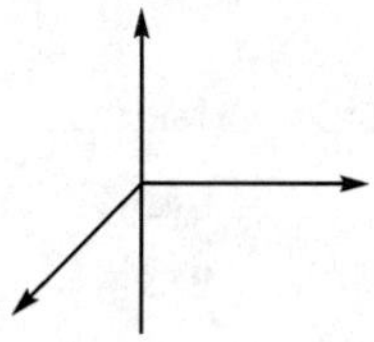
12	$\frac{x^2}{a^2}-\frac{y^2}{b^2}=1$	双曲柱面	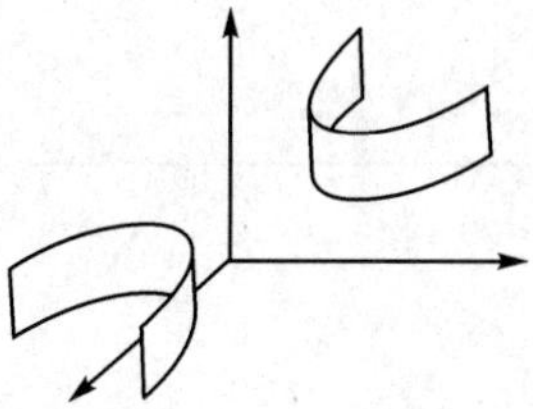
13	$\frac{x^2}{a^2}-\frac{y^2}{b^2}=0$	相交平面	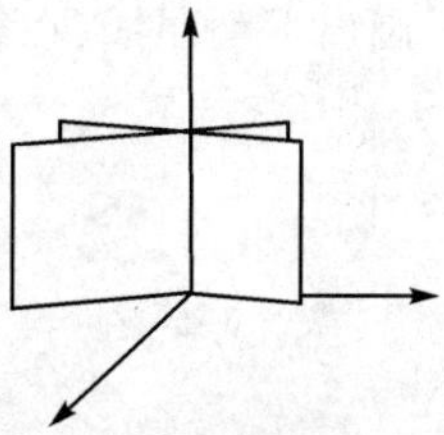
14	$y^2=2px$	抛物柱面	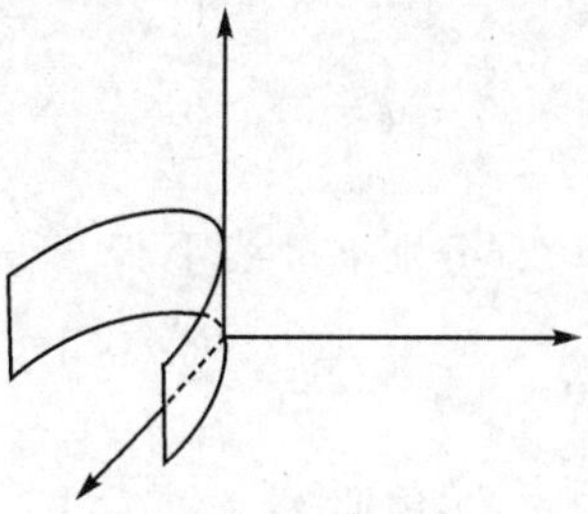
15	$x^2=a^2$	一对平行平面	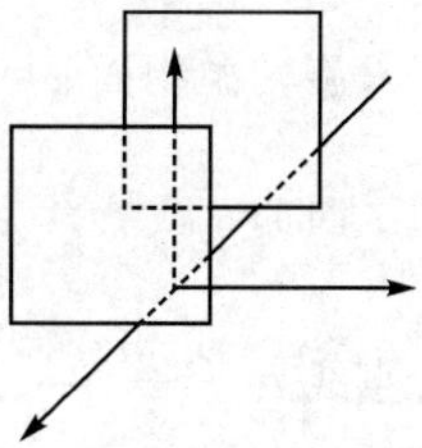

续表

	标准方程	曲面名称	图　形
16	$x^2=-a^2$	一对虚平行面	无实图形
17	$x^2=0$	一对重合平面	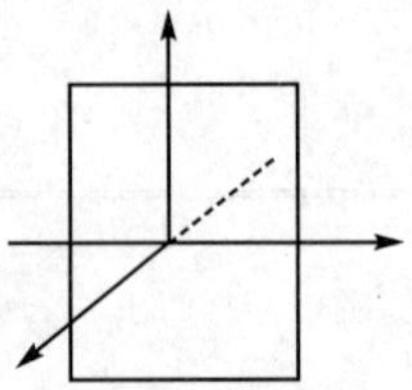

习题 3.2

1. 画出下列曲线(在第一卦限内)的图形,并且求曲线(3)的参数方程:

(1) $\begin{cases} x=1 \\ y=2 \end{cases}$

(2) $\begin{cases} x^2+y^2=a^2 \\ x^2+z^2=a^2 \end{cases}$

(3) $\begin{cases} x^2+y^2=1 \\ 2x+3z=6 \end{cases}$

2. 分别求母线平行于 x 轴及 y 轴而且通过曲线 $\begin{cases} 2x^2+y^2+z^2=16 \\ x^2+z^2-y^2=0 \end{cases}$ 的柱面方程.

3. 求球面 $x^2+y^2+z^2=9$ 与平面 $x+z=1$ 的交线在 xOy 面上的投影的方程.

4. 求旋转抛物面 $z=x^2+y^2(0\leqslant z\leqslant 4)$ 在三坐标面上的投影.

5. 求曲面 $\dfrac{x^2}{a^2}+\dfrac{y^2}{b^2}+\dfrac{z^2}{c^2}=1$ 的参数方程.

6. 直线 $l:\dfrac{x-a}{0}=\dfrac{y}{1}=\dfrac{z}{b}\ (ab\neq 0)$ 绕 z 轴旋转生成旋转面,求旋转面的方程.

综合题

1. 求三平面 $x+3y+z=1, 2x-y-z=0, -x+2y+2z=3$ 的交点.

2. 求两平行平面 $19x-4y+8z=21, 19x-4y+8z=42$ 的距离.

3. 求两相交平面 $2x-y+2z-3=0, 3x+2y-6z-1=0$ 所成二面角的角平分面的方程

4. 已知三点 $A(0,0,0), B(1,0,0), C(0,1,1)$，在平面 ABC 上求点 $P(x,y,z)$，使得 $|PA|=|PB|=|PC|$.

5. 设直线 $\begin{cases}3x-y+2z-6=0\\x+4y-z+D=0\end{cases}$ 与 z 轴相交，求系数 D 的值.

6. 求经过直线 $L:\begin{cases}x+5y+z=0\\x-z+4=0\end{cases}$ 且与平面 $x-4y-8z=8$ 夹成 $\frac{\pi}{4}$ 角的平面方程.

7. 直线 $L:\frac{x-1}{0}=\frac{y}{1}=\frac{z}{1}$ 绕 z 轴旋转生成旋转面，求这个旋转面的方程.

8. 求以直线 $\frac{x-1}{1}=\frac{y-1}{1}=\frac{z-1}{2}$ 为轴线且半径为 5 的正圆柱面方程.

9. 用向量叉积证明正弦定理

$$\frac{a}{\sin A}=\frac{b}{\sin B}=\frac{c}{\sin C}$$

其中，a,b,c 是 $\triangle ABC$ 的三边长度.

*10. 设 $A_1, A_2, \cdots, A_n$ 是单位圆内接正 n 边形的顶点，P 为圆周上任一点. 证明：

(1) $\overrightarrow{OA_1}+\overrightarrow{OA_2}+\cdots+\overrightarrow{OA_n}=0$，

(2) $\overrightarrow{PA_1}^2+\overrightarrow{PA_2}^2+\cdots+\overrightarrow{PA_n}^2=$ 常数.

11. 设向量 $\vec{a}\neq\vec{0}$，证明：

(1) 若 $\vec{a}\times\vec{b}=\vec{a}\times\vec{c}=\vec{0}$，则 $\vec{b}/\!/\vec{c}$.

(2) 若 $\vec{a}\cdot\vec{b}=\vec{a}\cdot\vec{c}$ 且 $\vec{a}\times\vec{b}=\vec{a}\times\vec{c}$，则 $\vec{b}=\vec{c}$.

习题提示与参考答案

习题 1.1

1. $\overrightarrow{AD_1}=\frac{1}{3}\boldsymbol{a}+\boldsymbol{c}$，$\overrightarrow{AD_2}=\frac{2}{3}\boldsymbol{a}+\boldsymbol{c}$.

2. $\overrightarrow{D_1A}=-\frac{1}{5}\boldsymbol{a}-\boldsymbol{c}$，$\overrightarrow{D_2A}=-\frac{2}{5}\boldsymbol{a}-\boldsymbol{c}$，$\overrightarrow{D_3A}=-\frac{3}{5}\boldsymbol{a}-\boldsymbol{c}$，$\overrightarrow{D_4A}=-\frac{4}{5}\boldsymbol{a}-\boldsymbol{c}$.

3. $\overrightarrow{PM}=\overrightarrow{PA}+\frac{1}{2}\overrightarrow{AB}=\overrightarrow{PA}+\frac{1}{2}(-\overrightarrow{PA}+\overrightarrow{PB})=\frac{1}{2}(\overrightarrow{PA}+\overrightarrow{PB})$.

4. $\overrightarrow{AD}=\frac{1}{2}(-\boldsymbol{b}+\boldsymbol{c})$，$\overrightarrow{BE}=\frac{1}{2}(\boldsymbol{a}+\boldsymbol{c})$，$\overrightarrow{CF}=\frac{1}{2}(-\boldsymbol{a}+\boldsymbol{b})$，$\overrightarrow{AD}+\overrightarrow{BE}+\overrightarrow{CF}=\boldsymbol{0}$.

5. $\boldsymbol{r}_1+\boldsymbol{r}_2+\boldsymbol{r}_3=0$；$\boldsymbol{r}_3$ 可以用 $\boldsymbol{r}_1$ $\boldsymbol{r}_2$ 表示，因此共面.

6. $\overrightarrow{OP}=\overrightarrow{OA}+\overrightarrow{AP}=\overrightarrow{OA}+\lambda\overrightarrow{PB}=\overrightarrow{OA}+\lambda(-\overrightarrow{OP}+\overrightarrow{OB})$，解出 $\overrightarrow{OP}$ 即可.

7. 设两条对角线中点分别为 P,Q，先证 $\overrightarrow{OP}=\overrightarrow{OQ}$，可得 $P=Q$. 也可用平面斜标架$\{O,\boldsymbol{a},\boldsymbol{b}\}$计算，$P,Q$ 的坐标相同.

*8. $\overrightarrow{PB}=\overrightarrow{PA}+\overrightarrow{AB}$，$\overrightarrow{PC}=\overrightarrow{PA}+\overrightarrow{AC}$，则有 $\overrightarrow{PA}=-\frac{1}{3}(\overrightarrow{AB}+\overrightarrow{AC})$，同理 P 在另外两条中线上.

*9. 设对边连线中点分别为 P,Q,R，可证 $\overrightarrow{OP}=\overrightarrow{OQ}=\overrightarrow{OR}$，得 $P=Q=R$. 也可用斜标架$\{O,\boldsymbol{a},\boldsymbol{b},c\}$计算，$P,Q,R$ 的坐标相同.

10. $\cos(\boldsymbol{a},\boldsymbol{a}+\boldsymbol{b})=\frac{|\boldsymbol{a}|^2+\boldsymbol{a}\cdot\boldsymbol{b}}{|\boldsymbol{a}|\cdot|\boldsymbol{a}+\boldsymbol{b}|}$，$\cos(\boldsymbol{b},\boldsymbol{a}+\boldsymbol{b})=\frac{|\boldsymbol{b}|^2+\boldsymbol{a}\cdot\boldsymbol{b}}{|\boldsymbol{b}|\cdot|\boldsymbol{a}+\boldsymbol{b}|}$，由 $|\boldsymbol{a}|=|\boldsymbol{b}|$ 可得 $\cos(\boldsymbol{a},\boldsymbol{a}+\boldsymbol{b})=\cos(\boldsymbol{b},\boldsymbol{a}+\boldsymbol{b})$，即 $\boldsymbol{a}+\boldsymbol{b}$ 落在 $\boldsymbol{a},\boldsymbol{b}$ 夹角的平分线上. $\frac{\boldsymbol{a}}{|\boldsymbol{a}|}+\frac{\boldsymbol{b}}{|\boldsymbol{b}|}$同理.

*11. 设 $\overrightarrow{AD}=a x+(1-a)\boldsymbol{y}$，由 $\cos(\overrightarrow{AB},\overrightarrow{AD})=\cos(\overrightarrow{AC},\overrightarrow{AD})$即可解得 a. 也可以利用 10 题的结论.

*12. 设 $\overrightarrow{AC}=\boldsymbol{b}$，$\overrightarrow{AB}=\boldsymbol{c}$. $\angle A$ 和 $\angle B$ 的平分线交于点 P，可写 $\overrightarrow{AP}=k\left(\frac{b}{|b|}+\frac{c}{|c|}\right)$，利用 $\boldsymbol{b},\boldsymbol{c}$ 线性无关求出 k.

习题 1.2

1. 在直角标架$\{O,\boldsymbol{e}_1,\boldsymbol{e}_2,\boldsymbol{e}_3\}$中,点 P 在第 1 卦限,Q 在第 4 卦限.

2. 坐标分别为:$A(0,0)$,$B(1,0)$,$C(1,1)$,$D(0,1)$.

3. $(2,3,6)$.

4. $\overrightarrow{M_1M_2}=(1,-2,-2)$, $-2\overrightarrow{M_1M_2}=(-2,4,4)$.

5. A 第四卦限, B 第五卦限, C 第八卦限.

6. A 在 yOz 平面, B 在 xOy 平面.

7. (1)关于 xOy 平面:$(a,b,-c)$, 关于 xOz 平面:$(a,-b,c)$, 关于 yOz 平面:$(-a,b,c)$;

   (2) 关于坐标原点:$(-a,-b,-c)$.

8. $\overrightarrow{AB}=\dfrac{1}{2}\overrightarrow{AC}$.

9. $\boldsymbol{a},\boldsymbol{b}$ 不共线,$\boldsymbol{a},\boldsymbol{b},\boldsymbol{c}$ 共面.

10. 利用共线法,或中点公式可得 $A(-1,2,4)$,$B(8,-4,-2)$.

*11. 建立平面斜标架$\{O,\boldsymbol{a},\boldsymbol{b}\}$,利用定比分点公式.

习题 1.3

1. $\pi/3$

2. 设 $\boldsymbol{a}+\boldsymbol{b}$ 与 $\boldsymbol{a}-\boldsymbol{b}$ 的夹角为 θ. 首先计算 $|\boldsymbol{a}+\boldsymbol{b}|^2=7$, $|\boldsymbol{a}-\boldsymbol{b}|^2=1$, $(\boldsymbol{a}+\boldsymbol{b})\cdot(\boldsymbol{a}-\boldsymbol{b})=2$,再根据向量夹角的余弦公式,解得 $\theta=\arccos\dfrac{2}{\sqrt{7}}$.

3. (1) 0; (2) $\pi/2$.

4. $\boldsymbol{a}\cdot\boldsymbol{b}=3$, $|\boldsymbol{a}-\boldsymbol{b}|=\sqrt{14}$.

5. $\boldsymbol{a}\cdot\boldsymbol{b}+\boldsymbol{b}\cdot\boldsymbol{c}+\boldsymbol{c}\cdot\boldsymbol{a}=\dfrac{-3}{2}$.

6. $t=\pm\dfrac{3}{2}$.

7. 由于垂直, $|\boldsymbol{a}+\boldsymbol{b}+\boldsymbol{c}|=\sqrt{\boldsymbol{a}^2+\boldsymbol{b}^2+\boldsymbol{c}^2}=3$.

8. 等式两边分别与 $\boldsymbol{a},\boldsymbol{b},\boldsymbol{c}$ 做内积即可.

9. $\boldsymbol{a}+\boldsymbol{b}+\boldsymbol{c}$ 分别与 $\boldsymbol{a},\boldsymbol{b},\boldsymbol{c}$ 做内积.

10. $\boldsymbol{e}=\pm\dfrac{a}{|a|}=\pm\dfrac{a}{3}$.

11. 计算 AB,BC,AC 长度,应用勾股定理即可.

12. xOy 平面:$(a,b,0)$, xOz 平面:$(a,0,c)$, yOz 平面:$(0,b,c)$;到 x 轴距离:$\sqrt{b^2+c^2}$, 到 y 轴距离:$\sqrt{a^2+c^2}$, 到 z 轴距离:$\sqrt{a^2+b^2}$.

13. $\overrightarrow{M_1M_2}=(-1,-\sqrt{2},1)$, $|\overrightarrow{M_1M_2}|=2$, $\cos\alpha=-\frac{1}{2}$, $\cos\beta=-\frac{\sqrt{2}}{2}$, $\cos\gamma=\frac{1}{2}$, $\alpha=\frac{2\pi}{3}$, $\beta=\frac{3\pi}{4}$, $\gamma=\frac{\pi}{3}$.

14. 先求 $\overrightarrow{AB}$ 坐标,即得 A 的坐标$(-2,3,0)$.

15. 先求 AB 中点 D 的坐标,计算 $\overrightarrow{CD}$ 的模长$=\sqrt{35}$.

16. 由公式$(\boldsymbol{a})_u=|\boldsymbol{a}|\cos\theta$,可得投影为 2.

17. 由投影公式$(\boldsymbol{a})_u=\frac{\boldsymbol{a}\cdot\boldsymbol{b}}{|\boldsymbol{b}|}$,可得投影为 2.

18. 关系为 $\lambda=2t$.

19. 用向量的运算法则即得结论.

20. (1)设平行四边形相邻两边向量分别为 $\boldsymbol{a},\boldsymbol{b}$, 则有$(\boldsymbol{a}+\boldsymbol{b})\cdot(\boldsymbol{a}-\boldsymbol{b})=\boldsymbol{0}$.

(2) 因为$(\boldsymbol{a}+\boldsymbol{b})\cdot(\boldsymbol{a}-\boldsymbol{b})=\boldsymbol{a}^2-\boldsymbol{b}^2=0$.

21. 证明两向量内积为 0 即可.

22. 化简后为 $2|\boldsymbol{a}|^2+2|\boldsymbol{b}|^2$.

23. 等式两边同时与 $\boldsymbol{a}$ 做内积即可.

24. 可写 $\boldsymbol{b}=\frac{(\boldsymbol{a}\cdot\boldsymbol{b})\boldsymbol{a}}{\boldsymbol{a}^2}+\left[\boldsymbol{b}-\frac{(\boldsymbol{a}\cdot\boldsymbol{b})\boldsymbol{a}}{\boldsymbol{a}^2}\right]$, 由勾股定理得

$$\left[\boldsymbol{b}-\frac{(\boldsymbol{a}\cdot\boldsymbol{b})\boldsymbol{a}}{\boldsymbol{a}^2}\right]^2=\boldsymbol{b}^2-\frac{(\boldsymbol{a}\cdot\boldsymbol{b})^2}{\boldsymbol{a}^2}\geqslant\boldsymbol{0}$$

由此可得$(\boldsymbol{a}\cdot\boldsymbol{b})^2\leqslant\boldsymbol{a}^2\boldsymbol{b}^2$. 若有$(\boldsymbol{a}\cdot\boldsymbol{b})^2=\boldsymbol{a}^2\boldsymbol{b}^2$,则

$$\left[\boldsymbol{b}-\frac{(\boldsymbol{a}\cdot\boldsymbol{b})\boldsymbol{a}}{\boldsymbol{a}^2}\right]^2=\boldsymbol{b}^2-\frac{(\boldsymbol{a}\cdot\boldsymbol{b})^2}{\boldsymbol{a}^2}=\boldsymbol{0}$$

即有 $\boldsymbol{b}-\frac{(\boldsymbol{a}\cdot\boldsymbol{b})\boldsymbol{a}}{\boldsymbol{a}^2}=\boldsymbol{0}$, $\boldsymbol{b}=\frac{(\boldsymbol{a}\cdot\boldsymbol{b})\boldsymbol{a}}{\boldsymbol{a}^2}=\lambda\boldsymbol{a}$.

25. 由垂直条件知 $\boldsymbol{a}\cdot\boldsymbol{b}=\frac{1}{2}|\boldsymbol{b}|^2$ 且 $|\boldsymbol{a}|=|\boldsymbol{b}|$,由夹角余弦公式,得夹角为$\frac{\pi}{3}$.

习题 1.4

1. (1) $\boldsymbol{a}\times 2\boldsymbol{b}=(10,2,14)$，$(\boldsymbol{a}\times\boldsymbol{b})\cdot\boldsymbol{b}=0$； (2) $\frac{\pi}{2}$.

2. $(-8,-5,1)$；2.

3. $\sqrt{14}$.

4. 所求向量为$\pm\frac{\overrightarrow{AB}\times\overrightarrow{BC}}{|\overrightarrow{AB}\times\overrightarrow{BC}|}$.

5. $\frac{\sqrt{19}}{2}$.

6. $|\vec{a}|^2|\vec{b}|^2$.

7. $S=\frac{1}{2}|\overrightarrow{AB}\times\overrightarrow{AC}|=3\sqrt{21}$， $h=\frac{|\overrightarrow{AB}\times\overrightarrow{AC}|}{|\overrightarrow{AB}|}=3\sqrt{6}$.

8. $\boldsymbol{b}\times\boldsymbol{c}=\boldsymbol{b}\times(-\boldsymbol{a}-\boldsymbol{b})=-\boldsymbol{b}\times\boldsymbol{a}-0=\boldsymbol{a}\times\boldsymbol{b}$，同理有第二个等号.

9. 平行四边形面积 $S=|\boldsymbol{a}\times\boldsymbol{b}|$，$\boldsymbol{a}$ 边上的高 $d=\frac{|\boldsymbol{a}\times\boldsymbol{b}|}{|\boldsymbol{a}|}$.

10. (1)$\overrightarrow{AB}=(-a,b,0)$，$\overrightarrow{AC}=(-a,0,c)$，故 $\overrightarrow{AB}\times\overrightarrow{AC}=(bc,ac,ab)$；

(2) $\triangle ABC$ 的面积 $S=\frac{1}{2}|\overrightarrow{AB}\times\overrightarrow{AC}|=\frac{1}{2}\sqrt{b^2c^2+c^2a^2+a^2b^2}$.

11. 利用叉积的性质 $\boldsymbol{a}\times\boldsymbol{a}=\boldsymbol{0}$ 可证.

*12. 用叉积运算可得 $\boldsymbol{u}\times\boldsymbol{v}=\begin{vmatrix}p & q\\ s & t\end{vmatrix}(\boldsymbol{a}\times\boldsymbol{b})$，且 $\boldsymbol{a}\times\boldsymbol{b}\neq\boldsymbol{0}$. 于是 $\boldsymbol{u}\times\boldsymbol{v}\neq\boldsymbol{0}$ 的充要条件为$\begin{vmatrix}p & q\\ s & t\end{vmatrix}=0$.

习题 1.5

1. $V=\frac{1}{6}|(\overrightarrow{AB}\times\overrightarrow{AC})\cdot\overrightarrow{AD}|=\frac{1}{6}|(\overrightarrow{AB},\overrightarrow{AC},\overrightarrow{AD}|=1$.

2. 可知 $\triangle ABC$ 面积 $S=\frac{1}{2}|\overrightarrow{AB}\times\overrightarrow{AC}|$，$OABC$ 体积为 $V=\frac{1}{6}|(\overrightarrow{OA},\overrightarrow{OB},\overrightarrow{OC}|=\frac{1}{6}|abc|$，得面 ABC 上的高为 $h=\frac{3V}{S}$.

3. $V=\frac{1}{6}|(\overrightarrow{AB},\overrightarrow{AC},\overrightarrow{AD}|=\frac{7}{3}$.

4. 计算混合积$(\boldsymbol{a},\boldsymbol{b},\boldsymbol{c})=0$,说明三个向量共面，且可知$\boldsymbol{c}=5\boldsymbol{a}+\boldsymbol{b}$.

5. 设$\boldsymbol{a}=(a_1,a_2,a_3)$,$\boldsymbol{b}=(b_1,b_2,b_3)$,$\boldsymbol{c}=(c_1,c_2,c_3)$,写出$|(\boldsymbol{a},\boldsymbol{b},\boldsymbol{c})|\leqslant|\boldsymbol{a}\|\boldsymbol{b}\|\boldsymbol{c}|$的坐标表达式.可知如果$a,b,c$互相正交时,等式$|(a,b,c)|=|a\|b\|c|$成立.

*6. 若$\boldsymbol{a}\times\boldsymbol{b},\boldsymbol{b}\times\boldsymbol{c},\boldsymbol{c}\times\boldsymbol{a}$共面,必有一个向量被其余线性表示,不妨设$\boldsymbol{a}\times\boldsymbol{b}=k(\boldsymbol{b}\times\boldsymbol{c})+l(\boldsymbol{c}\times\boldsymbol{a})$,则$(\boldsymbol{a}\times\boldsymbol{b})\cdot\boldsymbol{c}=k\boldsymbol{0}+10=0$,即$(\boldsymbol{a},\boldsymbol{b},\boldsymbol{c})=0$共面.

*7. 若$\boldsymbol{a},\boldsymbol{b},\boldsymbol{c}$共面,必有一个被其余线性表示,不妨设$\boldsymbol{a}=k\boldsymbol{b}+l\boldsymbol{c}$,则$\boldsymbol{a}\times\boldsymbol{b}=k\boldsymbol{b}\times\boldsymbol{b}+l\boldsymbol{c}\times\boldsymbol{b}=l\boldsymbol{c}\times\boldsymbol{b}$,可知$\boldsymbol{a}\times\boldsymbol{b},\boldsymbol{b}\times\boldsymbol{c}$共线,故$\boldsymbol{a}\times\boldsymbol{b},\boldsymbol{b}\times\boldsymbol{c},\boldsymbol{c}\times\boldsymbol{a}$共面.

8. 1与2.

9. $\because(\boldsymbol{a},\boldsymbol{b},\boldsymbol{c})=(\boldsymbol{a}\times\boldsymbol{b})\cdot\boldsymbol{c}=0$,可知$(\boldsymbol{a}\times\boldsymbol{b})\perp\boldsymbol{c}$,且$(\boldsymbol{a}\times\boldsymbol{b})\perp\boldsymbol{a}$,$(\boldsymbol{a}\times\boldsymbol{b})\perp\boldsymbol{b}$,即$\boldsymbol{a},\boldsymbol{b},\boldsymbol{c}$都垂直于同一个向量$(\boldsymbol{a}\times\boldsymbol{b})$,故它们共面.

10. (1)(2)(3)利用混合积的定义性质容易证明.

*(4) 已知 $(\boldsymbol{a},\boldsymbol{b},\boldsymbol{c})=\begin{vmatrix}a_1 & a_2 & a_3\\ b_1 & b_2 & b_3\\ c_1 & c_2 & c_3\end{vmatrix}(\boldsymbol{u},\boldsymbol{v},\boldsymbol{w})$, $\boldsymbol{a}$, $\boldsymbol{b}$, $\boldsymbol{c}$ 不共面 $\Leftrightarrow$ $(\boldsymbol{a},\boldsymbol{b},\boldsymbol{c})\neq 0$, $\boldsymbol{u}$, $\boldsymbol{v}$, $\boldsymbol{w}$ 不共面 $\Leftrightarrow$ $(\boldsymbol{u},\boldsymbol{v},\boldsymbol{w})\neq 0$. 利用反证法可得 $\begin{vmatrix}a_1 & a_2 & a_3\\ b_1 & b_2 & b_3\\ c_1 & c_2 & c_3\end{vmatrix}\neq 0$.

*习题 1.6

1. 左边 $=[(\boldsymbol{a}\times\boldsymbol{b})\times(\boldsymbol{b}\times\boldsymbol{c})]\cdot(\boldsymbol{c}\times\boldsymbol{a})=[(\boldsymbol{a},\boldsymbol{b},\boldsymbol{c})\boldsymbol{b}-0\boldsymbol{a}]\cdot(\boldsymbol{c}\times\boldsymbol{a})=(\boldsymbol{a},\boldsymbol{b},\boldsymbol{c})^2$.

2. 因$(\boldsymbol{a}\times\boldsymbol{b},\boldsymbol{b}\times\boldsymbol{c},\boldsymbol{c}\times\boldsymbol{a})=(\boldsymbol{a},\boldsymbol{b},\boldsymbol{c})^2\neq0$,可得结论.

3. $(\boldsymbol{a}\times\boldsymbol{b},\boldsymbol{b}\times\boldsymbol{c},\boldsymbol{c}\times\boldsymbol{a})=(\boldsymbol{a},\boldsymbol{b},\boldsymbol{c})^2=0$.

4. 因为$\overrightarrow{AB}\times\overrightarrow{AC}=(\overrightarrow{OB}-\overrightarrow{OA})\times(\overrightarrow{OC}-\overrightarrow{OA})=\overrightarrow{OB}\times\overrightarrow{OC}-\overrightarrow{OB}\times\overrightarrow{OA}-\overrightarrow{OA}\times\overrightarrow{OC}=\overrightarrow{OA}\times\overrightarrow{OB}+\overrightarrow{OB}\times\overrightarrow{OC}+\overrightarrow{OC}\times\overrightarrow{OA}=0$,所以$\overrightarrow{AB}/\!/\overrightarrow{AC}$,可知$A,B,C$共线.

习题 2.1

1. 所求平面方程为 $x-2y+3z-8=0$.

2. 所求夹角 $\theta=\frac{\pi}{3}$.

3. 所求平面方程：$3x-7y+5z-4=0$.

4. 所求平面方程 $2x+9y-6z-121=0$.

5. 所求平面方程 $x+y-1=0$.

6. 求出平面的法向量与各坐标面的法向量之间夹角的余弦即可.

7. 所求平面方程 $5x-2y+z-5=0$.

8. 距离为 1.

9. 距离为$\frac{11}{6}$.

10. 二面角平分面上的点到两个平面距离相等，可得平分面的方程为 $7x-11y-5z+5=0$ 和 $2x-y+5z+10=0$.

11. 所求平面方程为$\frac{x}{a}+\frac{y}{b}-\frac{z}{c}=1$.

12. 所求平面方程为 $y-\sqrt{3}z=0$ 或 $y+\sqrt{3}z=0$.

习题 2.2

1. 所求直线方程为$\frac{x}{-2}=\frac{y-2}{3}=\frac{z-4}{1}$.

2. (1) 所求直线方向向量为 $s=(2,1,2)$，对称式方程为$\frac{x-4}{2}=\frac{y+1}{1}=\frac{z-3}{2}$.

(2) 过两点$(1,-1,2)$，$(3,2,7)$的直线为$\frac{x-1}{2}=\frac{y+1}{3}=\frac{z-2}{5}$.

3. 可知直线方向为 $\boldsymbol{s}=(-2,1,3)$，取 $x=0$，解出 $y=\frac{3}{2}$，$z=\frac{5}{2}$则直线经过点$\left(0,\frac{3}{2},\frac{5}{2}\right)$. 或取 $x=1$，解出 $y=1$，$z=1$ 则直线经过点$(1,1,1)$. 可写对称式$\frac{x-1}{-2}=\frac{y-1}{1}=\frac{z-1}{3}$，参数方程为$\begin{cases}x=1-2t\\y=1+t\\z=1+3t\end{cases}$（不唯一）.

4. 用参数方程 $x=1+2t, y=-1+3t, z=2+2t$ 解得 $t=\frac{-3}{7}$，交点为 $\left(\frac{1}{7},\frac{-16}{7},\frac{8}{7}\right)$.

5. 所求平面方程为 $-16x+14y+11z+65=0$.

6. 可知两直线方向向量 $\boldsymbol{s}_1=(3,1,5)$，$\boldsymbol{s}_2=(-9,-3,-15)$. 根据 $\boldsymbol{s}_2=-3\boldsymbol{s}_1$ 知两直线平行.

7. 可知直线方向向量与平面的法向量垂直，可知夹角为 0.

8. 点到平面的距离为 $d=\frac{|2+1-1+1|}{\sqrt{1^2+1^2+(-1)^2}}=\sqrt{3}$.

9. $\begin{cases}17x+31y-37z=117\\4x-y+z=1\end{cases}$.

10. $\left(-\frac{5}{3},\frac{2}{3},\frac{2}{3}\right)$.

11. (1)直线与平面平行；(2)直线与平面垂直；(3)直线在平面上.

12. 设平面方程为 $\frac{x}{a}+\frac{y}{b}+\frac{z}{c}=1$，代入点(3,0,0)和(0,0,1)的坐标，可知 $a=3$，$c=1$，再根据平面夹角余弦公式，解得 $\frac{1}{b}=\pm\frac{\sqrt{26}}{3}$，方程为 $\frac{x}{3}\pm\frac{\sqrt{26}}{3}y+z=1$.

13. 设过点 $P(-1,0,4)$ 的直线与已知直线的交点为 $M(x_0,y_0,z_0)$，则 $\frac{x_0+1}{1}=\frac{y_0-3}{1}=\frac{z_0}{2}=t$，即 $x_0=t-1$，$y_0=t+3$，$z_0=2t$. 又直线与平面 $3x-4y+z-10=0$ 平行，于是方向向量 $\overrightarrow{PM}=(t,t+3,2t-4)$ 与平面法向量 $\boldsymbol{n}=(3,-4,1)$ 垂直，解得 $t=16$. 由此得 $\overrightarrow{PM}=(16,19,28)$，所求直线方程为 $\frac{x+1}{16}=\frac{y}{19}=\frac{z-4}{28}$.

14. 设经过直线 L 的平面方程为 $x+5y+z+\lambda(x-z+4)=0$，根据平面夹角公式可解得 $\lambda=-\frac{3}{4}$，所求一个平面为 $x+20y+7z-12=0$.

注意，其中平面 $x-z+4=0$ 与 $x-4y-8z=8$ 夹角也是 $\frac{\pi}{4}$，故所求平面

有 2 个：$x+20y+7z-12=0$ 与 $x-z+4=0$.

15. (1)$\sqrt{5}$；(2)$\frac{1}{2}\sqrt{6}$.

16 $\because(\overrightarrow{P_1P_2},\boldsymbol{S}_1,\boldsymbol{S}_2)=4\neq0$，必异面；距离为 $d=\frac{|(\overrightarrow{P_1P_2},\boldsymbol{S}_1,\boldsymbol{S}_2)|}{|\boldsymbol{S}_1\times\boldsymbol{S}_2|}=2$，公垂线方程为 $\begin{cases}x+y=0\\x-y=0\end{cases}$ 即 $\begin{cases}x=0\\y=0\end{cases}$.

17. $\because(\overrightarrow{P_1P_2},\boldsymbol{S}_1,\boldsymbol{S}_2)\neq0$，必异面；距离为 $\sqrt{116}$；垂足坐标为 $P_1(3,5,7)$，$P_2(-1,-1,-1)$.

18. (1)由条件可得距离 $p=\frac{|-1|}{\sqrt{\frac{1}{a^2}+\frac{1}{b^2}+\frac{1}{c^2}}}$，即有 $\frac{1}{p^2}=\frac{1}{a^2}+\frac{1}{b^2}+\frac{1}{c^2}$.

(2) 利用异面直线的距离公式.

习题 3.1

1. 方程可化为 $(x-1)^2+(y+2)^2+(z+1)^2=(\sqrt{6})^2$，故方程表示以 $(1,-2,-1)$ 为球心，以 $\sqrt{6}$ 为半径的球面.
2. $4x+4y+10z-63=0$.
3. 将双曲方程 $4x^2-9y^2=36$ 中的 y 换成 $\pm\sqrt{y^2+z^2}$，即可得到该双曲线绕 x 轴旋转所生成的旋转曲面方程. 同理，将 x 换成 $\pm\sqrt{x^2+z^2}$，即可得到该双曲线绕 y 轴旋转所生成的旋转曲面方程.
4. (1) 直线，平面；(2) 圆，圆柱面；(3) 双曲线，双曲柱面.
5. (1) 表示空间曲线 $\begin{cases}x^2-y^2=1\\z=0\end{cases}$ 绕 x 轴旋转一周生成的旋转曲面，或表示空间曲线 $\begin{cases}x^2-z^2=1\\y=0\end{cases}$ 绕 x 轴旋转一周生成的旋转曲面；

   (2) 表示空间曲线 $\begin{cases}x^2-\frac{y^2}{4}=1\\z=0\end{cases}$ 绕 y 轴旋转一周生成的旋转曲面，或表示空间曲线 $\begin{cases}-\frac{y^2}{4}+z^2=1\\x=0\end{cases}$ 绕 y 轴旋转一周生成的旋转曲面；

(3) 表示曲线$\begin{cases} z=x+a \\ y=0 \end{cases}$ 或$\begin{cases} z=-x+a \\ y=0 \end{cases}$ 绕 z 轴旋转一周生成的旋转曲面，

或表示曲线$\begin{cases} z=y+a \\ x=0 \end{cases}$ 或$\begin{cases} z=-y+a \\ x=0 \end{cases}$ 绕 z 轴旋转一周生成的旋转曲面.

6. (1) 母线为$\begin{cases} x=0 \\ z=2y^2 \end{cases}$ 或$\begin{cases} y=0 \\ z=2x^2 \end{cases}$,旋转轴为 z 轴；

(2) 母线为$\begin{cases} x=0 \\ z=\sqrt{3}y \end{cases}$ 或$\begin{cases} y=0 \\ z=\sqrt{3}x \end{cases}$,旋转轴为 z 轴.

7. 单叶双曲面,图略.

习题 3.2

1. (1)图略；

(2) $\begin{cases} x^2+z^2=a^2 \\ x^2+y^2=a^2 \end{cases}$.

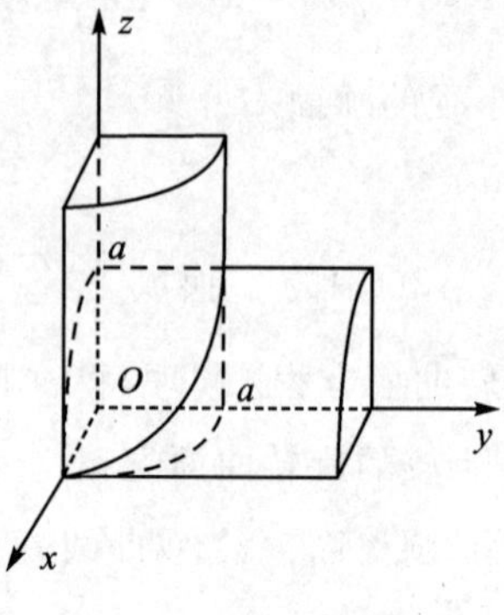

(3) 图略,参数方程为$\begin{cases} x=\sin t \\ y=\cos t \\ z=2-\dfrac{2}{3}\sin t \end{cases}$.

2. 在曲线的方程组中消去 x,得母线平行于 x 轴且通过已知曲线的柱面方程 $3y^2-z^2=16$；消去 y,得母线平行于 y 轴且通过已知曲线的柱面方程 $3x^2+2z^2=16$.

3. 联立球面方程和平面方程,消去 z 后化简得 $2x^2-2x+y^2=8$,即表示 z 轴与母线平行的柱面，故$\begin{cases}2x^2-2x+y^2=8\\z=0\end{cases}$为已知交线在 xOy 面上的投影.

4. 由$\begin{cases}z=x^2+y^2\\z=4\end{cases}$得 $x^2+y^2=4$，所以旋转抛物面在 xOy 面上的投影为$\begin{cases}x^2+y^2\leqslant 4\\z=0\end{cases}$；由$\begin{cases}z=x^2+y^2\\x=0\end{cases}$得 $z=y^2$，所以旋转抛物面在 yOz 面上的投影为由 $z=y^2$ 及 $z=4$ 围成的区域；同理，由$\begin{cases}z=x^2+y^2\\y=0\end{cases}$得 $z=x^2$，所以旋转抛物面在 xOz 面上的投影为由 $z=x^2$ 及 $z=4$ 围成的区域.

5. 参数方程为(不唯一)

$$\begin{cases}x=a\sin\varphi\cos\theta\\y=b\sin\varphi\sin\theta\\z=c\cos\varphi\end{cases}\quad\begin{matrix}0\leqslant\varphi\leqslant\pi\\0\leqslant\theta\leqslant 2\pi\end{matrix}$$

或

$$\begin{cases}x=a\cos\varphi\cos\theta\\y=b\cos\varphi\sin\theta\\z=c\sin\varphi\end{cases}\quad\begin{matrix}-\dfrac{\pi}{2}\leqslant\varphi\leqslant\dfrac{\pi}{2}\\0\leqslant\theta\leqslant 2\pi\end{matrix}$$

6. 可写直线 l：$\dfrac{x-a}{0}=\dfrac{y}{1}=\dfrac{z}{b}(ab\neq 0)$参数方程为

$$\begin{cases}x=a\\y=t\\z=bt\end{cases}$$

绕 z 轴旋转所得，根据第 3 节公式(3.2.7)可得曲面的参数方程

$$\begin{cases}x=\sqrt{a^2+t^2}\cos\theta\\y=\sqrt{a^2+t^2}\sin\theta\\z=bt\end{cases}$$

消去参数 t 和 θ，可得方程 $x^2+y^2=a^2+\dfrac{z^2}{b^2}$(旋转单叶双曲面).

综合题

1. 联立三平面方程，解得交点为$(1,-1,3)$.
2. 距离为 $d=1$.

3. 由于角平分面上的点(x,y,z)到两个平面距离相等，可写角平分面方程 $\frac{|2x-y+2z-3|}{3}=\frac{|3x+2y-6z-1|}{7}$，于是角平分面有两个，化简可得 $23x-y-4z-24=0$，$5x-13y+32z-18=0$.

4. 方法 1：由 $\overrightarrow{AP},\overrightarrow{AB},\overrightarrow{AC}$ 共面，混合积$(\overrightarrow{AP},\overrightarrow{AB},\overrightarrow{AC})=0$，得 $y-z=0$，且 $|PA|=|PB|=|PC|$，解出 $P\left(\frac{1}{2},\frac{1}{2},\frac{1}{2}\right)$.

   方法 2：$\triangle ABC$ 为直角三角形，且斜边 BC 的中点坐标 $P\left(\frac{1}{2},\frac{1}{2},\frac{1}{2}\right)$ 为所求.

5. $D=3$.

6. 设经过直线 L 的平面方程为 $x+5y+z+\lambda(x-z+4)=0$，根据两平面夹角的余弦公式公式可解得 λ.

7. 设$M(x,y,z)$是旋转面上任一点，它是由直线上的点 $M_1(1,y_1,z_1)$旋转后得到. 将直线方程写成参数方程，再写出 M 与 M_1 之间关系式并代入参数方程，旋转面方程为 $x^2+y^2-z^2=1$.

8. 设 $P(x,y,z)$是圆柱面上任一点，它到轴线的距离可用点到直线的距离公式，可得圆柱面方程$(z-y+1)^2+(x-z)^2+(y-x-1)^2=75$.

9. 可知$\triangle ABC$ 面积 $S=\frac{1}{2}|\overrightarrow{AB}\times\overrightarrow{AC}|=\frac{1}{2}|\overrightarrow{BA}\times\overrightarrow{BC}|=\frac{1}{2}|\overrightarrow{CA}\times\overrightarrow{CB}|$.

*10. (1) 可设 $\overrightarrow{OA_1}+\overrightarrow{OA_3}=k\overrightarrow{OA_2}$，$\overrightarrow{OA_2}+\overrightarrow{OA_4}=k\overrightarrow{OA_3}$，…，$\overrightarrow{OA_{n-1}}+\overrightarrow{OA_1}=k\overrightarrow{OA_n}$，$\overrightarrow{OA_n}+\overrightarrow{OA_2}=k\overrightarrow{OA_1}$，相加可得 $2(\overrightarrow{OA_1}+\overrightarrow{OA_2}+\cdots+\overrightarrow{OA_n})=k(\overrightarrow{OA_1}+\overrightarrow{OA_2}+\cdots+\overrightarrow{OA_n})$，即$(k-2)(\overrightarrow{OA_1}+\overrightarrow{OA_2}+\cdots+\overrightarrow{OA_n})=0$，且 $k\neq 2$ 可知，故 $\overrightarrow{OA_1}+\overrightarrow{OA_2}+\cdots+\overrightarrow{OA_n}=0$.

   (2) $\overrightarrow{PA_1}^2=(\overrightarrow{PO}+\overrightarrow{OA_1})^2=\overrightarrow{PO}^2+\overrightarrow{OA_1}^2+2\overrightarrow{PO}\cdot\overrightarrow{OA_1}$，利用结论(1)可证.

参考文献

[1] 吕林根，许子道.解析几何[M].北京:高等教育出版社，2005.

[2] 陈志杰. 高等代数与解析几何[M].北京:高等教育出版社，2000.

[3] 同济大学数学教研室. 高等数学(上册)[M]. 4 版. 北京:高等教育出版社,1996.

[4] 黄延祝,成孝予. 线性代数与空间解析几何[M]. 4 版. 北京:高等教育出版社,2016.

[5] 高孝忠,罗淼.解析几何[M].北京:清华大学出版社,2011.

[6] 张志让,刘启宽.线性代数与空间解析几何[M].北京:高等教育出版社,2009.

[7] 王敬庚,傅若男.空间解析几何[M].北京:北京师范大学出版社,2003.

[8] 苏步青,华宜积,忻元龙,等.空间解析几何[M].上海:上海科学技术出版社,1984.

[9] 方德植.解析几何[M].北京:高等教育出版社,1986.